# 水文站网规划与优化研究

黄晓明 著

哈尔滨出版社
HARBIN PUBLISHING HOUSE

**图书在版编目（CIP）数据**

水文站网规划与优化研究 / 黄晓明著 . — 哈尔滨：
哈尔滨出版社，2023.1

ISBN 978-7-5484-6888-2

Ⅰ．①水… Ⅱ．①黄… Ⅲ．①水文站－规划 Ⅳ．
① P336

中国版本图书馆 CIP 数据核字（2022）第 216591 号

书　　名：水文站网规划与优化研究
SHUIWEN ZHANWANG GUIHUA YU YOUHUA YANJIU

作　　者：黄晓明　著
责任编辑：张艳鑫
封面设计：张　华
出版发行：哈尔滨出版社（Harbin Publishing House）
社　　址：哈尔滨市香坊区泰山路 82-9 号　邮编：150090
经　　销：全国新华书店
印　　刷：河北创联印刷有限公司
网　　址：www.hrbcbs.com
E－mail：hrbcbs@yeah.net
编辑版权热线：（0451）87900271　87900272
开　　本：787mm×1092mm　1/16　印张：11　字数：215 千字
版　　次：2023 年 1 月第 1 版
印　　次：2023 年 1 月第 1 次印刷
书　　号：ISBN 978-7-5484-6888-2
定　　价：68.00 元

# 前　言

　　水文站网是在一定地区或流域内，按一定原则，用一定数量的各类水文测站构成的水文资料收集系统。水文站网规划工作的主要内容包括站网现状与需求分析、规划原则与目标、站网布局、站网构成、监测项目、监测方式、管理方式和效益评价。站网规划是水文的顶层设计，用来解决水文工作的战略问题。站网规划不仅涉及水文工作自身各个环节，而且涉及政治、经济、社会、生态等问题，是水文学领域中较复杂的一个分支。

　　水文站网规划的原则是"根据需要和可能，着眼于依靠站网的结构，发挥站网的整体功能，提高站网产出的社会效益和经济效益"。规划的目的就是制定整体功能较强的站网结构和合理的站网密度，以最经济合理的测站数目、最科学的位置，达到控制水文要素的时空变化规律的目的，满足经济和社会发展的需要。站网结构是指不同的观测项目，设站位置、观测年限和观测精度的水文站之间的有机结合，协调运作方式；站网的整体功能，就是在时间和空间上，能够按照实用的精度标准，对水文资料进行内插、外延和移用，为经济建设和社会发展提供必需的水文信息；站网密度则是指单位面积上的测站数，通常用"容许最稀站网"和"最优站网"来表示。满足水资源评价和开发利用的最低要求，由起码数量的水文测站组成的水文站网，称作"容许最稀站网"；在一定精度标准和财政约束条件下整体功能最强的水文站网，或在一定投入下产出的社会和经济效益最高的水文站网，称作"最优站网"。站网越密则内插精度越高，资料越可靠，但投资也就越大。合理的站网密度取决于水文要素在地理上变化的急剧程度、国民经济的发展水平、设站的自然条件和投资费用等因素。

　　站网规划工作是一个动态管理过程，应当与时俱进、不断完善。一方面，随着水资源开发程度和人类活动影响等情况的变化，原有水文站网的结构可能会发生失调，整体功能可能降低。因此，必须在站网的运行过程中，定期或适时地分析、检验站网出现的问题，及时调整站网结构，保证站网的整体功能不致发生太大的衰退；另一方面，站网密度是一个动态的指标，它随国家经济条件的改善和社会发展的需要而变化，需要适时调整。

# 目　录

# 第一章 水文站网基本情况分析

内陆河湖现有的水文站网，还不能完全满足探索区域水文规律的需要，需要根据《水文站网规划技术导则》的有关规定，再根据规划成果确定需要增补站数，满足区域内探索水文规律和国民经济发展的需要。本章主要对水文站网基本情况进行深入的研究探讨。

## 第一节 站网密度评价

现有的水文站网还不能完全满足区域内防洪抗旱、水资源开发利用水环境监测、水工程规划设计等国民经济和社会发展的需要。

《水文站网规划技术导则》中推荐容许最稀站网密度分别如下：

水文站。内陆湿润山区，每站控制面积为 300~1 000 km²；干旱区和边远地区（不包括大沙漠），每站控制面积为 5 000~20 000 km²。

雨量站。内陆湿润山区，每站控制面积为 100~250 km²；干旱区和边远地区（不包括大沙漠），每站控制面积为 1 500~10 000 km²。

蒸发站。内陆湿润山区，每站控制面积为 5 000 km²；干旱区，每站控制面积为 30 000 km²。

泥沙站。泥沙站在容许最稀水文站网的所占比例：干旱区、内陆区为 30%，湿润区为 10%。

水质站。水质站网在容许最稀水文站网中所占比例：干旱区为 25%，湿润区为 5%，高度工业化地区所占比例应大大高于以上标准。

地下水站。潜水区一般为 5~20 km/ 站，未开发的开阔区域，间距可增至 40 km；大量开采或超采区应大大高于以上密度。

## 一、流量站网

内陆河湖基本水文站 167 处，所控制总面积为 $77.3 \times 10^4 \ km^2$，平均站网密度为 4 632 $km^2/$ 站，基本达到《水文站网规划技术导则》中有关容许最稀站网密度。如按内陆河湖总面积 $320 \times 10^4 \ km^2$ 计算站网密度，则为 19 162 $km^2/$ 站，接近容许站网密度中干旱和边远地区的下限值。但各区域所处的地理位置自然环境和区域经济发展情况的不同，测站数量及密度存在较大差异。

内陆河湖水文站网平均密度基本上满足《水文站网规划技术导则》规定的最稀站网密度要求。由于内陆河湖处于西北边远的干旱区和内陆山区，受人类活动影响较小，区域间站网布设极不平衡。其中西藏、内蒙古、青海站网密度较稀。

## 二、泥沙站网

河流的含沙量和输沙量是反映一个地区水土流失的重要指标，泥沙对地表水资源的开发利用、航运、湖泊、水库等的寿命，都有很大的影响。

内陆河湖泥沙站基本上都是在现有流量站中选定的，现有泥沙站 109 处，占流量站的 56.3%，站网平均密度为 7 096 $km^2/$ 站，单站控制面积过大，无法掌握内陆河湖泥沙变化规律，难以满足该地区生态环境保护、水土流失治理及水利工程规划的需要。

世界气象组织有关干旱区泥沙站容许最稀站网密度约是水文站容许最稀站网密度的 30%，即 16 000~66 000 $km^2/$ 站。目前，新疆、内蒙古、甘肃三省（区）大部分内陆地区泥沙站网基本满足以上最稀站网密度要求，但在西藏，$61.61 \times 10^4 \ km^2$ 的内陆区泥沙观测还是空白的。

内陆河湖的现有泥沙站网还不能满足沙量计算和绘制悬移质泥沙侵蚀模数等值线图的需要，还不能完全掌握各河系泥沙变化规律。今后应根据侵蚀模数变化，对水土流失严重地区的主要河流及站点稀少地区水文站增加泥沙观测。要根据不同地质、地貌集水面积和来沙情况增设泥沙观测站，开展泥沙监测。

## 三、雨量站网

内陆河湖现有雨量站 304 处，站网平均密度为 2 581 $km^2/$ 站，如按内陆河湖总面积计算，则雨量站网密度为 10 530 $km^2/$ 站。根据有关内陆干旱区和边远地区雨量站每站控制面积为 1 500~10 000 $km^2$，内陆山区雨量站容许最稀站网密度 100~250 $km^2/$ 站，在现有布设雨量站的 21 个水系中，16 个水系平均站网密度在容许最稀站网密度范围内，基本满足要求，其余 5 个水系雨量站网密度低于容许最稀站网密度。

在满足最稀密度规定的水系中，已有雨量站的分布还不够均匀，个别地方还是空白区。例如，青海省的青海湖水系雨量观测点相对较多，其他水系因受设站条件的限制而未能设雨量站，处于降水观测空白区；内蒙古各个水系的内陆山区站网密度还远低于最稀标准要求；新疆的 6 个主要内陆水系中，雨量站主要集中在河流出山口处，而在山区降水主要区雨量站布设不够；西藏的 3 个雨量站均布设在羊卓雍错—普莫雍错流域，北羌塘水文区、南羌塘水文区至今无雨量站布设。

总之，内陆河湖雨量站网布设密度极不合理，主要表现在空间地域上分布不均，随高程变化站网分布不平衡，站网密度总体偏低，小于容许最稀密度，不能控制降水在面上的变化。

## 四、蒸发站网

蒸发是自然界水量平衡三大要素之一，水面蒸发量是反映当地蒸发能力的指标，它受气压、气温、湿度、风、辐射等因素的影响。

内陆河湖主要位于西北边远地区，蒸发能力比较强。如按内陆河湖总面积计算，则蒸发站网密度为 24 242 $km^2$/站。但根据这些地区的地形地貌特征看，蒸发站点分布极不均匀，且不合理。西藏内陆河湖地区共设 3 个水面蒸发站点，其密度严重偏低。内蒙古自治区内陆河湖干旱区蒸发站仅有 4 处，分别位于腾格里诺尔、呼和诺尔、查干诺尔 3 个水系，山区蒸发站只有 1 处。甘肃省黑河水系站网密度低于容许最稀站网密度。青海省内陆河湖现有蒸发观测项目 11 站，内陆河湖蒸发站网未达到设站密度要求且站点分布不够均匀，蒸发场位置高程 2 000~3 000 m 有 2 个，3 000~4 000 m 有 9 个。从蒸发场位置高程看，该流域大部分蒸发观测点地处艰苦的高海拔和经济落后地区，随着地区社会经济发展可适当增加蒸发站，以满足在面上流域蒸发计算的需要和研究水面蒸发的地区规律。新疆内陆河湖的 9 个水系中，除昆仑山北坡诸河区外，蒸发站网密度为 102 853 $km^2$/站，远小于容许最稀蒸发站网密度下限 30 000 $km^2$/站，其余水系的蒸发站网密度基本满足容许最稀蒸发站网密度下限 30 000 $km^2$/站的要求。

## 五、水质监测站网

江河天然水质的地区分布主要受气候、自然地理条件和环境的制约。江河水质是河流水文特征之一，分析江河水质特征及其时空变化是评价水质优劣及其变化的主要内容。全国内陆河湖共有水质监测断面 134 站，平均站网密度为 5 769 $km^2$/站，所占的比例远远超过 WMO（世界气象组织）所规定的水质站在干旱地区最稀水文（流量）站网中容许 25% 的比例。

从地域和地区划分来看，由于各地自然环境和发展需求的不同，站网布设呈现区域分布不均等现象。例如，青海的库尔雷克湖、都兰湖和霍鲁逊湖流域全部为空白，达布逊湖有 8 个，青海湖 3 个，其他监测断面 4 个。内蒙古自治区内陆河湖仅有 9 处水质站，均为国家重点站，其中环保部门设置 7 处，其中与水文站结合的水质站有 2 处，仅占地表水水质站总数的 22.2%。新疆维吾尔自治区水文水资源局共有水质站 156 个，其中与水文（水位、流量）站结合的有 98 处，按照 2005 年水文（水位、流量）站共 132 处计算，水质站在水文站网中所占的比例为 74.2%，远远超过 WMO 所规定的水质站在干旱地区最稀水文站网中容许 25% 的比例。西藏内陆河只有 5 处水质监测站，远未达到站网密度要求，且站点分布极不均匀。

目前，现有水质站网还不能完全掌握水资源质量的时空变化和动态变化，还不能完全满足实时掌握水质信息的要求。

现有水质站网布局存在以下问题：还未形成监测网络体系；地下水、大气降水自动监测站、动态监测站尚未布设；河道水质的动态监测能力较差，尚未形成机动性较强的水质监测队伍。因此，必须调整优化水质站网，增配先进的水质监测设备，建立与完善监测站网，设置供水水源地和入河排污口水质站，并使其投入正常运行，以满足新时期对水资源保护、开发、利用的需求。

## 六、地下水监测站网

根据普查资料，内陆河湖共有地下水监测站 612 站，站网平均密度为 1 246 km²/ 站，主要分布在新疆和甘肃境内，分别占总数的 65% 和 20%，其余内陆河湖区则相对较少，站网密度总体上远未达到基本要求。

现有的监测井均为普通潜层监测井，施测的项目有潜水水位、水质和水温等。这些站网在地区的地下水开发利用、管理和保护方面发挥了重要的作用。但现有站网分布不均，存在大量空白区，部分地区站网过密，未按不同地貌及水文地质单元布设，控制性和代表性不好，在时间分布上也缺乏对不同含水层进行分层观测等问题。如甘肃省的地下水站主要分布在疏勒河、黑河中下游地区，而且靠近河道附近的多，其他地方的少，测井年久失修、测验设备及手段落后工作条件差等，不能完全满足地下水监测的要求；内蒙古自治区内陆河湖地下水监测站网绝大部分监测井是农用机井和民用井，缺少城镇井。在地域分布上极不均匀，空白区较大，阿拉善闭塞荒漠区无地下水监测站，新疆现有的 465 处地下水站控制的总面积约为 20 000 km²，密度为 2.3 站/100 km²，其中 340 处水质监测井，占水位监测井的 73%，但是这些监测井并不是按《地下水监测规范》中地下水监测井布设原则来布设的，只是在平原灌区选用了大部分的生产井作为地下水监测站，因此地下水站比较集中，距离远的为 2~3 km，近的相距只有几百米，甚至是几十米，并不能在真正意义上监测全疆的地下水动态，大部分需要监测的地方还是空白。水文部门的 78 处监测站控制面积几百平方千米，大部分也是生产井，其中 6 眼在水文测站的院内，邻近大河，其水位受大河的影响而变化；青海的内陆河湖地区只有十多处地下水站，西藏内陆河湖区全部为空白区，远远满足不了井网的最稀要求，无法掌握流域地下水位运动规律，不能适应目前经济社会发展的需求。为了满足水资源开发利用等国民经济的需要，必须进行全流域地下水监测站网设计，设立地下水监测站点，进行地下水观测，研究地下水的运动和变化规律。

根据国家和各地的不同需求以及轻重缓急的情况，在基本监测站（井）中，划分出国家重要监测站（井），以加快重要基本监测站（井）的建设，满足国家水资源管理、生态环境保护和抗旱的需要。

根据各省（自治区、直辖市）地下水开发利用程度确定布设省级重要监测站（井）的数量。省（自治区、直辖市）地下水开发利用程度小于 50%，省级重要监测站（井）数量应控制在基本监测站（井）数的 20% 左右；地下水开发利用程度介于 50%~75%，省级重要监测站（井）数量应控制在基本监测站（井）数的 30% 左右；地下水开发利用程度大于 75%，省级重要监测站（井）数量应控制在基本监测站（井）数的 40% 左右。

根据水文地质条件和地下水开发利用程度来确定布设普通监测站（井）的数量。在平原灌区地下水埋深较小的潜水区，每 5~20 km² 设一个观测井。在冲积平原上部应按每 20~100 km² 设一个观测井。

水文气象资料的收集与整理是流域水文模拟及气候变化影响评价研究中非常繁重的工作。一般来说，流域水文、气象站网的布设原则是满足流域防汛抗旱、水资源评价等对水文基础资料的基本需要。显然，不同部门对雨量站网密度的需求是不一样的。国内外学者开展了一系列关于雨量站网密度对流域水文模拟的影响研究。研究认为站网密度在 100~250 km²/站变化时对日流量过程模拟精度影响较小，但对此洪流量模拟效果影响明显。陈利群等、Armando Brath 等分别比较了不同雨量站密度对次降水量和次洪过程模拟的影响，结果表明:雨量站网密度越小，计算的面平均雨量误差一般越大；若流域尺度不大（小于 1 000 km²），假定降水空间分布均匀，则不会对次洪过程模拟产生大的影响；雨量站的多少对水文过程模拟有一个饱和上限，当雨量站大于这个上限时，雨量站的增加并不会增加模拟的精度；同样雨量站的站数有一个下限，超过这个下限，模拟精度会大幅度降低。

目前，大量研究主要集中在雨量站网密度对小尺度洪水过程模拟精度的影响。以全球变暖为主要特征的气候变化将加剧区域水文循环，进而引起较大的流域水文响应，定量评价气候变化对流域水文的影响多以季、月为时间尺度。因此，以月为尺度的水文过程模拟是耦合气候模型、分析评价环境变化对流域水文影响的重要基础工作。月尺度的水文过程模拟是否仍然需要研究流域内全部可利用的气象资料，雨量站网密度对月尺度的水文过程模拟究竟具有多大的影响，目前这方面的研究相对较少。

1. 资料与方法

（1）研究流域及资料

综合考虑地理条件、气候特征、流域尺度及资料状况，选择黄河中游的窟野河流域和淮河上游息县以上地区为研究流域。这两个流域下垫面条件和气候特征差异显著，但流域尺度相近，流域内地形起伏较大，观测资料相对较为完备。

窟野河是黄河中游大北干流右侧较大的一级支流，发源于内蒙古自治区伊金霍洛旗境内，在陕西省神木市贺家川乡沙峁头村汇入黄河，干流全长 242 km，温家川水文站以上流域面积 8 645 km²。该流域地处黄土高原和毛乌素沙漠过渡地带东段，上游为风沙草滩区，中游为黄土丘陵区，下游为黄土丘陵沟壑区。流域内植被稀少，气候干旱，多年平均降水量约 400 mm，且主要集中在汛期 7—9 月份，是典型的干旱、半干旱大陆性季风气候。

淮河发源于河南省桐柏县境内的桐柏山，上游息县以上地区位于 E113.28°~114.78°、N31.54°~32.70°之间，干流右侧为淮南大别山区，左侧为桐柏山区，地势总体由西南部和西北部向东北部倾斜，全长约 1 000 km。息县水文站以上流域面积 10 190 km²。

根据雨量站点的空间分布，同时考虑资料系列的长度和连续性，分别在窟野河流域和淮河息县以上地区设 18 个和 16 个雨量站或气象站。鉴于蒸发、气温的空间变化梯度相对较小，同时受资料限制，本研究中仅选取神木站和信阳站的气温、蒸发资料分别代表窟野河和淮河上游的气温与蒸发能力。

（2）研究方法

为研究雨量站网密度对流域水文模拟的影响，采用不同数目的雨量站计算流域面平均降水量，然后输入水文模型模拟研究流域的月水文过程，进而对比分析不同雨量站网密度对水文过程模拟精度的影响。对每次雨量站数目的选取，主要考虑站网密度成倍数变化。对每次雨量站空间分布的选取，则主要考虑流域水系特征及雨量站空间分布的均匀性，在雨量站数目允许的情况下，要求每条主要水系尽可能都有一个或几个雨量站，若雨量站数目较少，则以流域内不同区段中心雨量站选取为主。

由于所选的两个流域分别位于不同的气候区，因此选取具有一定区域适应性的水文模型非常重要。王国庆等根据物质守恒原理，综合考虑超渗与蓄满产流的特点，建立并逐步完善了一个月水量平衡模型，主要用于环境变化影响评价方面的研究。该模型以水量平衡原理为基础，将河川径流划分为地面径流、地下径流和融雪径流3种水源；根据气温变化，对降水进行了雨、雪划分，降雨形成地面径流并补充地下蓄水量，降雪首先累积，然后融化形成融雪径流，补充地下蓄水量；地下蓄水量一方面形成地下径流出流，同时以蒸发的形式损失。假定地面径流是土壤含水量与时段降水量的线性函数，地下径流按地下蓄水量线性水库出流理论计算，融雪径流量是气温的指数函数，同时正比于流域内的积雪量。该模型的突出优点是结构简单，参数较少，只有4个参数需要率定。

经不同模型的应用对比和几十个流域资料的验证，结果表明该模型具有良好的区域适应性和较好的水文过程模拟能力。因此，本研究选用该模型作为分析的工具。

2.计算结果分析与讨论

根据雨量站均匀分布的选择原则，在窟野河的18个雨量站中分别选取8个、4个和2个共3组雨量站，在淮河息县以上的16个雨量站中分别选取9个、5个和3个雨量站。两个流域由不同组次雨量站密度计算区域面平均年降水量统计结果。

（1）窟野河与淮河息县以上区域所选的雨量站网密度分别介于480~4 500 km²/站与600~3 500 km²/站；

（2）由最大雨量站网密度计算的面平均年降水量均大于由其他站网密度计算的面平均降水量；

（3）窟野河流域由8站、4站和2站计算的面平均降水量较18个雨量站的计算值偏少10.7~14.6 mm，占年均降水量的2%~3%；

（4)淮河息县以上地区由9个雨量站和16个雨量站计算的面平均降水量非常接近，只有0.5 mm的差异，但由5站和3站计算的面平均降水量与16个雨量站的计算结果差异较大，分别偏少55.3 mm和50.6 mm，占年均降水量的5%左右。

3.密度计算的月面平均降水量比较

（1）以最大雨量站网密度计算的逐月面平均降水量为基准，两个流域由其他雨量站网密度计算的逐月面平均降水量与基准值总体较为接近，点集中在1∶1基准线附近。

（2）窟野河流域由 2 个雨量站计算的面平均降水量点分布相对散乱，其中一个点远离 1：1 基准线，差异超过 60 mm；在月降水量较大（超过 100 mm）时，由 8 站和 4 站计算的面平均降水量总体偏小。

（3）淮河息县以上由不同站网密度计算的面平均降水量点总体更为集中，其中，由 9 个站计算的面平均降水量几乎与基准面降水量没有差异，当时段降水量超过 250 mm 时，由 5 站和 3 站计算的月面平均降水量偏小相对明显。

地形差异对年平均降水量的计算差异具有一定的影响，一般来说，山区降水空间梯度相对较大，平原相对较小，因此，王国庆等认为雨量站网密度对不同气候区月径流模拟的影响性差异较大的流域，要求较密的雨量站网。总之，在计算面平均降水量时，采用的信息越多，计算的结果越逼近真实。

4. 雨量站网密度对月水文过程模拟的影响

月水量平衡模型要求输入逐月面平均降水量、气温和实测蒸发能力资料，面平均降水量由流域内不同密度的雨量站网计算获得。选用 Nash-Sutcliffe 模型效率系数和模拟总量相对误差为目标函数进行参数率定。为消除人为给定中间变量初始值对模拟效果造成的影响，同时为对比方便起见，利用随后的资料率定模型参数。

首先，利用各流域最大雨量站网密度计算的面平均降水量优化率定月水量平衡模型参数；其次，保持模型参数不变，利用其他雨量站网密度计算的面平均降水量直接模拟实测流量过程；最后，采用人工交互对话或 Rosenbrock 函数等优化方法，优化不同雨量站网密度下的流域水文模型参数。统计结果表明：温家川站和息县站月流量的模拟效率系数分别为 74.9% 和 86.7%，总量相对误差均小于 1%，说明采用集中式水量平衡模型可以较好地模拟尺度在 10 000 km² 左右的流域的月水文过程。相比而言，模型对淮河息县的月流量的模拟效果更好，模型对温家川站个别峰值流量模拟误差相对较大。说明模型对湿润地区具有更好的水文模拟能力。

（1）根据 16 个雨量站资料，模型对息县站的月流量过程模拟结果较好，模型效率系数总体达到 86.7%，相对误差仅有 -0.4%，并且，在前后两段的模型效率系数也均超过 85%，同时，相对误差均控制在 2% 以内。

（2）若保持由 16 个雨量站优化的模型参数不变，对流域内雨量站进行不同程度的减少，尽管某些效率系数均超过 70%，但相对误差明显增大，分析认为引起误差的原因主要是不同雨量站计算的面平均降水量差异。

（3）优化不同雨量站点情况下的模型参数，可以看出，模拟精度有不同程度的提高，其中，利用 9 个雨量站对月流量的模拟效果逼近 16 个雨量站情况下的流量模拟效果，模型效率系数由原来的 80.5% 提高到 86%。但随着雨量站数目进一步减少，模拟精度有所降低。由此表明：在湿润气候区，站网密度与水文模拟效果关系密切，若站网密度超过 1 000 km²/ 站，模拟精度不会显著提高，但若站网密度低于某一上限，模拟精度会有一定程度的降低。该结论与陈利群等的研究结论基本一致。

1）通过参数优化，在采用不同雨量站的情况下，对 1977—1989 年月流量模拟的 Nash 模型效率系数均超过 74%，相对误差也控制得非常好，均小于 1%，但有趣的是，随着采用雨量站的减少，效率系数呈现提高趋势，如在采用 18 个雨量站的情况下，效率系数最低，只有 74.9%，但在采用 2 个雨量站的时候，效率系数却是最高的，超过 80%。

2）优化不同雨量站情况下的模型参数，尽管全系列模拟的误差较小，并且一个有规律的现象是前期的模拟流量普遍偏小，而后期的模拟流量普遍偏大，说明窟野河流域由于人类活动等因素的扰动，破坏了径流量序列的一致性，实测径流量呈减小趋势。

3）若保持由 18 个雨量站率定的模型参数不变，利用其他减少站降水资料模拟径流量过程，尽管模型效率系数依然较高，但总体模拟相对误差有所增大，如采用 4 个雨量站时，参数保持不变。

尽管窟野河流域采用 2 个雨量站资料时，对温家川站月流量的模拟效果最好，但并不能简单地认为干旱、半干旱地区的水文模拟采用的资料越少越好。分析认为，窟野河流域暴雨集中，下垫面差异较大，不同地区产流悬殊，产流集中区对下游水文特性影响较大。因此，对于区域产流差异较大的流域来说，选取产流集中区的降水资料对流域水文模拟精度的提高至关重要。

5. 通过窟野河流域和淮河息县以上地区各雨量站月降水量与流域出口水文站月径流量之间的相关系数，可以看出：

（1）淮河上游各站降水与息县站的月径流量相关性普遍较好，相关系数在 0.75~0.85 之间，尽管窟野河流域个别站点降水与温家川站径流量的相关系数超过 0.8，但一些站的相关系数不到 0.6。

（2）在窟野河流域，尽管 18 个雨量站的面平均降水量更为全面地反映了流域的实际降水量状况，但由于相关站点降水量的影响，利用全部资料进行流量模拟的效果却不是最好的。石圪台与王道恒塔位于窟野河流域的暴雨中心，是该流域内的主要产流区域，这两个站的月降水量与温家川站径流量的相关系数相对较高，分别为 0.80 和 0.74，说明窟野河流域不同区域的产流差异较大，利用与径流相关性较好的两个站点降水资料，可以得到较好的流量模拟效果。

（3）在淮河息县以上地区，各站与流域出口控制站月径流量的相关系数相对较高，且差异较小，说明流域区域间产流差异相对不大，结合水文模拟效果分析可知，雨量站网密度对水文模拟的影响相对显著。

6. 温家川站月径流量的相关系数，综合上述结果不难看出：

（1）对于面积在 10 000 km$^2$ 左右的中大尺度流域，只要雨量站网密度达到一定程度，利用集中式水量平衡模型依然可以得到较好的月流量模拟效果，并且湿润地区模拟精度一般好于干旱地区。

（2）站网密度对于面平均降水量会产生一定的影响，但面平均雨量计算差异对水文模拟的影响可以通过参数优化途径得到进一步改善。

（3）半干旱地区暴雨集中区雨量资料的选取对流域出口站的水文模拟非常重要。因此，对于产流特性区域差异显著的流域，采用分布式模型将可以较大提高水文模拟效果，但是在子流域的划分时应充分考虑区域的暴雨特征及产流特性。

（4）一般来说，若选用站点降水与流域出口水文站径流量的相关性越好，由此得到的水文模拟效果也会越好。

7. 降水资料的收集

降水资料的收集是流域水文模拟和气候变化研究中的繁重工作。雨量站点数目及位置的选取对更为高效地开展大尺度气候变化影响研究和流域水文模拟至关重要。对位于干旱、半干旱气候区的窟野河流域和位于湿润、半湿润气候区的淮河上游研究结果表明：

（1）雨量站密度对年平均降水量的计算有一定影响，对地形差异较大的流域，要求较大的雨量站网密度。总之，采用的雨量信息越多，计算的面平均降水量越逼近真实。

（2）集中式水量平衡模型可以较好地模拟不同气候区较大尺度流域的月流量过程，在湿润区模拟精度好于干旱地区。

（3）对于湿润地区，水文模拟精度随雨量站网密度减小而降低，但若站网密度高过某一阈值（如在淮河息县以上，约 1 000 km$^2$/站），模拟效果并不会显著提高。

（4）对干旱、半干旱地区，站网密度与水文模拟精度没有明显的关系，而主要产流区的雨量站点资料对水文模拟至关重要。

（5）由不同站网密度计算的面平均降水量差异对水文模拟的影响可以通过参数优化在一定程度上得到改善。

# 第二节　基本站、辅助站、专用站和实验站

基本站是为综合需要和公用目的服务的，其数量应在动态发展中保持相对稳定，在规定的时期内连续进行观测，收集的资料应刊入水文年鉴。辅助站是为帮助某些基本站正确控制水文情势变化而设立的一个或一组站点/断面，其水文资料的主要作用是对基本站资料进行补充。专用站是为特定目的设立的水文测站，不具备或不完全具备基本站的特点。实验站是为深入研究专门问题而设立的一个或一组水文测站，实验站也可兼作基本站。

本次评价以 5 年为一个单元，统计新中国成立以来各年度的基本站、枢纽性辅助站（断面）、一般性辅助站（断面）、专用站和实验站数目。基本站在动态发展中保持相对稳定的增长。

从现有的各类测站数量来看，内陆河湖基本能满足主要功能，只需局部增设。辅助站在部分地区（如新疆）基本能够满足对基本站资料的补充、水量平衡的计算。其余无论是专用站的特定服务对象和社会需求，还是实验站的专项研究需要，数量都明显偏少。随着水资源管理、水环境保护和社会各有关部门对水文资料需求的不断扩大，应在稳定发展基本站的基础上，扩大辅助站，特别是专用站和实验站，以满足水利工程建设、水资源管理和社会对水文资料的需求。

从各类站的地域分配来看，内陆河湖各站在地区间分配极不均匀，存在大量的空白区和区域站点集中等明显不合理布局。如 167 处基本站中有 132 处位于新疆境内，现有的 55 个辅助站中也有 49 处在新疆境内，另外除新疆有 1 处实验站外，其余各处均为空白，专用站除新疆和西藏各有 1 处外，其余内陆地区也为空白。

基本水文站是现行站网中的主体，也是水文工作者致力于规划和设计的主要对象。各区应在基本站相对稳定的情况下，通过设立相对短期的辅助站，与长期站建立关系来达到扩大资料收集面的目的，为当前水资源管理、水环境保护和社会各部门提供更为全面的水文资料需求服务。

# 第三节 大河站、区域代表站、小河站

我国内陆河湖基本上处于中西部的干旱区，依据《水文站网规划技术导则》中对干旱区水文测站按控制面积大小及作用进行站类划分，共分为三类：大河站、区域代表站和小河站。按此标准划分，现有集水面积大于 5 000 km² 的大河站 78 处，集水面积大于 500 km² 且小于 5 000 km² 的区域代表站 81 处，集水面积小于 500 km² 的小河站 22 处，分别占总测站数的 43.1%、44.8% 和 12.1%。内陆河湖各类站数见表 1-1。

表 1-1 内陆河湖大河站、区域代表站、小河站数及所占比例

| 分类 | 站数 | 百分比（%） |
| --- | --- | --- |
| 大河站 | 78 | 43.1 |
| 区域代表站 | 81 | 44.8 |
| 小河站 | 22 | 12.1 |

## 一、大河站

内陆河湖现有大河站 78 处，占总站数的 43.1%。由于整体站网偏稀，大河站数量也严重不足，现有的大河站仍然存在着大量空白区和区域分配不均的现象。例如，新疆 44 条河流集水面积大于 5 000 km²，还有额尔齐斯河一级支流喀拉额尔齐斯河，喀什噶尔河，盖孜河一级支流木吉河，叶尔羌河一级支流克勒青河、塔什库尔干河，车尔臣河一级支流乌鲁克苏河以及阿特阿特坎河和皮提勒克河 8 条河流因地处高山边远地方没有设站；内蒙古除锡林河干流和开发程度高的黑河外，其余的 11 条大河干流上均需增加测站布设；西藏 61.16×10⁴ km² 的内陆河湖地区还没进行大河站设置，根据经济社会发展情况，其余几个内陆区的大河站数也需增加。

## 二、区域代表站

区域代表站是为收集区域水文资料而设立的，应用这些站的资料进行区域水文规律分析，解决无资料地区水文特征值内插需要，区域代表站的分析就是验证水文分区的合理性、测站的代表性、各级测站布设数量是否合理，能否满足分析区域水文规律内插无资料地区各项水文特征值的需要。

内陆河湖区域代表站的数目按《水文站网规划技术导则》要求，分区、分类、分

级确定。现共有区域代表站 81 处，占总站数的 44.8%。就其分布来看，也存在着与大河站同样的问题，如新疆的 179 条河流集水面积在 500~5 000 km$^2$，目前只有 49 条河流设有区域代表站，占 179 条河流的 27.4%；内蒙古的阿拉善闭塞荒漠区和西藏内陆河湖地区无区域代表站，均为空白区，需增加布站；甘肃、青海等内陆区域代表站数量过少，而且山区站网密度低于容许最稀站网密度，不满足要求，需增加布站和进行调整。

## 三、小河站

小河站的布设主要是进行产汇流分析，推求各种地理类型的水文规律。内陆河湖地形、地貌特点复杂，划分标准不同，总体上按照分区、分类、分级的原则进行设站。内陆河湖现有小河站 22 处，占总站数的 12.1%。按我国小河站应占 35% 的比例要求，现有站网还远远不能满足收集小面积暴雨洪水资料、探索产汇流参数在地区上和随下垫面变化规律的要求。根据流域防汛及水资源管理的要求，需在以后的水文站网规划中逐步补充站网，增加一些小河站数量，以探求流域产汇流特性，更好地为防汛、水资源利用服务。

在水资源紧缺且经济发展较快的区域适当增加小河站，结合区域水资源开发、利用、评价和水利工程建设着重扩大区域代表站数量，在稳定现有大河站数量的基础上，扩充测站服务领域，增强测站功能。

# 第四节　国家级重要水文站、省级重要水文站和一般水文站

## 一、各种类型水文站划分标准

1. 国家级重要水文站标准

（1）向国家防汛抗旱总指挥部传递水文情报的大河控制站。

（2）集水面积大于 1 000 km$^2$ 的出入境河流的把口站。

（3）集水面积大于 10 000 km$^2$，且正常年径流量大于 $3 \times 10^8$ m$^2$ 的控制站；集水面积大于 5 000 km$^2$，且正常年径流量大于 $5 \times 10^8$ m$^2$ 的控制站；集水面积大于 3 000 km$^2$，且正常年径流量大于 $10 \times 10^8$ m$^2$ 的控制站；正常年径流量大于 $25 \times 10^8$ m$^2$ 的控制站。

（4）库容大于 $5 \times 10^8 \, m^2$ 的水库水文站；库容大于 $1.0 \times 10^8 \, m^2$，且下游有重要城市、铁路干线等对防汛有重要作用的水库水文站。

（5）对防汛、水资源评价、水质监测等有重大影响和位于重点产沙区的特殊基本水文站。

2. 省级重要水文站标准

（1）大河控制站。

（2）向国家防汛抗旱总指挥部、流域、省（自治区、直辖市）报汛部门报汛的区域代表站。

（3）对防汛、水资源评价、水质监测等有较大影响的基本水文站。

3. 一般水文站标准

未纳入国家级和省级重要水文站的其他基本水文站。

# 二、基本情况

按以上划分要求，内陆河湖现有国家级重要水文站 51 处，占基本站网的 30.5%；省级重要水文站 70 处，占基本站网的 41.9%；一般水文站 46 处，占基本站网的 27.6%。详见表 1-2。

表 1-2 按重要性划分内陆河湖测站组成情况

| 名称 | 数量 | 占比 |
| --- | --- | --- |
| 国家级重要水文站 | 51 | 30.5% |
| 省级重要水文站 | 70 | 41.9% |
| 一般水文站 | 46 | 27.6% |

# 三、站网存在问题

内陆河湖水文站网经过多年来的建设、调整，逐步趋于合理。但由于地区间的差异和经济发展等，加上水利工程不断兴建，社会对水文工作要求不断提高，流域内大部分区域的国家级重点站和省级重点站布设数量偏低，站网严重不足，还有部分地区为水文空白区，无法收集到应有的暴雨洪水、水文水资源信息。如内蒙古、西藏还没有国家级重要水文站，不能满足防洪和水资源管理的需要，也满足不了国民经济发展对水文工作的要求。现有站类需要进行级别调整，站网中的国家级重要水文站和省级重要水文站需进一步发展，才能使水文站网的布设较为科学合理，以满足生态环境保护及水资源开发利用等经济和社会发展对水文的需求。

# 第五节　水文站网裁撤搬迁情况

内陆河湖先后裁撤水文站 129 处，其中达到设站目的完成监测任务的站有 85 处，占裁撤站总数的 65.9%；受水利工程影响搬迁裁撤的站有 12 处，占哉撤站总数的 9.3%；受经费限制而裁撤的站有 11 处，占裁撤站总数的 8.5%；移交其他部门的站有 9 处，占裁撤站总数的 7.0%；情况不明的站有 12 处，占裁撤站总数的 9.3%。以上裁撤站总数中资料可以应用的站有 105 处，占裁撤站总数的 81.4%。

总的看来，有 65.9% 的站完成了其使命，是应该撤销的，除 9.3% 的站情况不明外，在所裁撤的测站中有 81.4% 的测站资料是连续的，可以满足不同要求的水资源评价、水利水电工程规划设计等国民经济和社会发展的需要。说明这些测站虽然被裁撤，但资料仍具有宝贵的应用价值。

因此，内陆河湖被裁撤的水文站大多数属于主动，是正常必要的调整。

# 第六节　具有一定资料系列长度的水文测站数的变化趋势

建站历史悠久、拥有长期系列资料的水文测站是水文站网的宝贵财富。在内陆河湖站网密度仍然比较稀疏的现阶段，以一定数量的长期站为依托，辅以一定数量和适时更新的中期站，并有能够持续增加的短期站做补充（向中长期站过渡），是水文站网中不同资料长度水文站数的理想构成模式。

因此，在站网评价中，需要分析水文站网中不同资料长度水文站数的构成及其变化趋势，统计内陆河湖各年度不同资料系列长度水文测站变化情况。

## 一、分析方法

分析内陆河湖辖区内实际的站网构成情况，具体做法如下：

（1）以过去各时段内在本辖区进行水文监测的所有水文站（包括裁撤站在内）为

分析对象。

（2）横坐标为时间（年份），纵坐标为各资料长度系列的水文站数，资料长度以20年为一个区间，按资料长度统计60年以上、41~60年、21~40年、20年以下资料长度系列站数，分为长期、中长期、中期、中短期四段。

（3）根据每个水文站的设站日期，统计截至每个时间坐标点时，满足建站60年以上、41~60年、21~40年、20年以下的站数，绘制各类站数1910—2005年具有一定长度系列资料水文站数随时间变化的曲线，分析水文站网中不同资料长度水文站数的构成及其变化趋势。

## 二、情况分析

内陆河湖水文站网的发展与全国水文站网发展的趋势基本一致，总数在缓慢下降中逐渐趋于稳定，基本水文站现维持在167站左右，但也显示了这个基数仅能维持现有站网，不能提供进一步发展的动力。

在站网基本骨架建成后，这种变化是正常的。但是过快的跌速暴露出站网受正常调整发展之外因素的干扰，如经费层面的问题等。

这些长期水文站的持续运行将给水文评价提供有价值的历史资料，但是受限于它们当时的设站目的，在满足今天新增的水文资料的需求方面，这个水文站网显然会存在一定的缺陷。此外，新设水文站越来越少，站网发展迟滞不前，导致流域水文信息的采集面难以扩大，而近十几年以及未来几年经济的快速发展、人类活动的加剧以及土地利用系数的提高，都需要更密空间尺度上的水文信息的提供。这种供需缺口所产生的影响将是十分深远的。

# 第七节　水文站网资料收集系统现状评价

水文测验通过定位观测巡回测验、水文调查和站队结合等方式来收集各项水文要素资料，是一项长期工作。开展此项工作必须设立相应的水文测验基础设施和仪器、设备。

# 一、水文站、水位站、雨量站

## 1. 信息采集的装备配置情况

内陆河湖现有流量信息采集断面 250 处，其中缆道站 145 处（自动控制测流缆道 8 处，机动电动缆道 12 处，手动缆道 32 处，缆车和吊箱 93 处），占全部缆道测流的 58%；测船站 6 处，占全部缆道测流的 2%；水工建筑物等其他方式测流站 99 处，占全部缆道测流的 40%。

采集水位的 252 处断面中，水尺观读 125 处，占采集水位总断面数的 49%；浮子式水位计 99 处，占采集水位总断面数的 39%；超声波水位计 4 处，占采集水位总断面数的 2%；电子水尺 4 处，占采集水位总断面数的 2%；其他观测方式 20 处，占采集水位总断面数的 8%。降水量观测（含水文站降水观测）站 463 处，人工雨量器观测 279 处，占总降水量观测站数的 60%；翻斗式 123 处，占总降水量观测站数的 27%；虹吸式及其他雨量器 61 处，占总降水量观测站数的 13%。

从信息采集装置分配图中不同采集装置所占百分比可以看出，内陆河湖主要的信息采集方式还是以最简单、最原始的人工采集方式为主，例如水文站还没有能够配备 ADCP 测流仪，自动控制缆道的仅 8 处；水位站采用水尺采集信息的断面占 49%，水位观测设施和设备大部分仍为人工观读，只是木制水尺发展到硬塑水尺板，安装在钢筋混凝土水尺桩上；超过 60% 的雨量站配备的都是传统雨量器，翻斗式仅占 27%，自动化程度低，对流域水文信息采集数据的精确性、时效性有很大影响。

现有的信息采集设备的配置很不平衡，流量信息采集的先进设备主要集中在近几年新建、改建水文测站中，如新疆的国际河流和塔里木河流域，内蒙古、甘肃的黑河等。因此，提高内陆河湖信息采集自动化是加快区域水文事业发展的关键。

## 2. 信息记录的装备配置情况

近年来水文站网资料收集技术发展缓慢，以断面为单位，对内陆河湖的水文站、水位站、雨量站的信息记录装备配置进行统计。

信息记录装备配置和采集装备配置面临着同样的问题，自动化程度低，主要依靠人工记录。流量信息记录只有一站实现自动测报，其余站全部为人工记录；水位信息由于采用了自记水位计、固态存储和自动测报系统建设，自动化程度相对较高，但仍有 60% 的站以人工观读为主；雨量站近几年来虽然大力提倡使用固态存储雨量计，但在内陆河湖地区并未得到广泛应用，目前仅有 26% 的站使用，13% 的站为普通自记，人工观读仍然有超过 60% 的站使用，实现自动测报的仅占 0.2%。

3. 信息传输的装备配置情况

对内陆河湖水文站、水位站、雨量站各断面所采用的信息传输方式进行统计。可以看出，内陆河湖目前信息的传输方式主要依靠话传和人工数传，占各种传输方式的75%以上，近年来电台也有一定的使用量，随着电子网络的迅猛发展，无线公网在水文信息传输中的应用也得到了拓展，但因受多种条件的限制，没有大范围推广，使用率仍然很低，而短信和卫星等高端技术在各种信息的传输中还处于试验阶段。

4. 流量信息传输方式情况

在250个流量断面中，其中电台信息传输方式60处，占流量观测项目站总数的24%；话传和人工数传方式190处，占流量观测项目站总数的76%。水文站常规流量信息传输依靠短波、超短波、微波信息、电缆和话传方式，基本能够将信息及时传送。

5. 水位信息传输方式

在水位观测项目中，具有电台信息传输方式73处，占水位观测项目站总数的39%；话传方式82处，占水位观测项目站总数的43%；人工数传方式29处，约占水位观测项目站总数的15%；无线公网传输方式0处；卫星传输刚刚起步，仅有3处，占水位观测项目占总数的3%，处于试验阶段。

6. 降水量信息传输方式

内陆河湖降水量观测项目中人工数传和电台是主要的信息传输方式，共有338处，占降水量观测项目站总数的85%；具有话传方式站61处，占降水量观测项目站总数的14.3%；无线公网为0；卫星传输和PSTIN也有部分使用，共3处，占降水量观测项目占总数的0.7%。

# 二、水质站

内陆河湖的水质监测工作从各地陆续开展，特别是自从全国水质站网规划实施以后，在主要河流湖泊、水库上形成了一个基本的常规监测网络体系，取得了显著的成效，积累了系统、完整的水质资料，为水资源开发、利用与保护及水资源的综合管理发挥了重要的作用。

1. 样品采集。截至2005年，内陆河湖的水质站全部为人工取样，无自动监测站、自动监测仪器、水质监测车、移动水质实验室和自动采样系统，采样手段落后，缺乏现场分析测试仪器。满足不了《水环境监测规范》要求，达不到实施标准《地表水环境质量标准》的需要，不适应某些水质项目时效性强和水质污染事件发生后各级领导及时了解掌握分析结果并做出保护水环境决策的要求。

另外，由于内陆河区站点分布面广线长，部分水质站点交通不便，又缺少采样交通工具，造成水样运送时间较长，样品收集时一些参数已发生变化，不能满足《水环境监测规范》的要求。

2. 水质信息的处理、传输方式。水质信息的处理、传输方式落后，各地水环境监测分中心测定的水质数据仍是以邮寄的方式来传递的，传递速度很慢，信息的发布相对较迟，与所要求的水质信息"测得准、测得到、报得快"相差甚远。而且信息处理全部依赖人工进行，已不能适应现代水质监测的需要。为加快水质信息处理和传递速度，更好地为水资源保护和管理及时提供信息，应建立完善的水质信息服务系统和水资源与水环境综合分析系统。

## 三、地下水采集、处理、传输方式

《地下水监测规范》要求地下水监测项目为水位、水量、水质、水温。目前内陆河湖的地下水监测以基本水位观测为主，个别井监测水温、水质。据不完全统计，内陆河湖现有地下水井 612 眼，分别为专用井、生产井和民用井，观测方式分别为自记水位和人工观测。

现行的监测仍然是以传统的人工观测为主，自记井占有极少的比例，自动化监测井比例太小，技术手段落后，且观测工具陈旧，资料报送手段落后。由于没有配备自动化监测系统，就连电话报送也达不到（观测员家没安电话），只能靠观测员用信件邮递或观测组长下去收集。

由于大多数监测井借用当地生产井、民井、报废的机井，监测资料的质量难以保证，影响资料的精度。由委托监测的地下水资源收集系统存在诸多问题，缺报、漏报、拒报地下水资料的现象时有发生，造成资料中断或不连续，无法保证监测工作质量；由于经费的制约，地下水监测费多年基本不变，井网维修跟不上，造成井况破损严重，正常维修维护无力开展，淤积堵塞现象严重。监测井毁坏后，无力修复，监测井在逐年减少，这样不可避免地造成资料的丢失，而且收集时间太长，不能及时有效地获取地下水动态信息；测验设备及手段陈旧落后，不能满足地下水监测的需求，地下水位观测大多数采用测绳测量，仅有几眼监测井采用自记水位计观测；井网布设不尽合理，现有测井区域代表性差，不能反映重点地区地下水动态变化规律。监测井网密度低，已满足不了目前社会发展和有关部门对地下水科学管理的需要；地下水观测项目单一，仅限于水位、水质。工作条件差，缺乏交通工具。观测人员在巡回观测时只能骑自行车或步行，劳动强度大，难以在规定观测时间开展工作，影响观测质量。

## 四、水文站网资料收集系统现状评价

内陆河湖区域水文测站基本能按规范要求进行水文信息的采集，但其信息采集的技术设施设备距水利部发布的《水文基础设施建设及技术装备标准》相差甚远，也难以适应国民经济建设和社会的快速发展对水文事业提出的高要求。内陆河湖的水文基础设施设备仍然处于落后状态。内陆河湖现有的水文站网的设施设备多数测站不达标。原因和存在的问题是多种多样的，其中主要原因和问题是：

1. 测洪能力偏低，达不到实测大洪水的标准，如部分站站房位置较低，水位观测设施防洪能力低，测流定位设备及通信设备不达标等。大部分测站设施只能实测一般大洪水。

2. 常规设施设备陈旧简陋、老化失修。由于经费短缺，无力进行有效的维修、保养和更新，不少"超期服役"。供电供水设施不足，大部分测站无配电室及供水设施。每年汛期，设施被洪水毁损事件时有发生。这些问题不仅影响洪水测报的质量，而且使测流作业人员缺乏安全保障。

3. 生产、生活用房配置简陋。主要是水位观测房、泥沙处理室办公室、缆道室、文体活动室、厕所、仓库等基础设施和面积不达标，有的甚至无站房及报汛房。

根据水文站流量信息传输方式现状，首先应实现 PSTN 网络完全覆盖各个断面。其次对于备用信息传输方式建设应建立以卫星、短信、超短波、短波、微波为传输手段的自动遥测系统，满足水文信息化、现代化发展对信息传输方式的需求。再次应建立基于移动数据、图像、语音为基础的应急信息传输保障手段。

要发展内陆河湖区水文事业，必须要提高水文基础设施及技术装备的水平，对水文测报的设施设备更新改造要加大力度、增加投入，并要注重基本测验设施设备的提升，积极改造部分陈旧、破烂的生产用房，加快引进和应用具有实用价值的水文新仪器、新设备，使内陆河湖区水文事业更好地为防洪抗旱、水资源开发利用和保护，为区域国民经济建设和社会发展提供科学的服务。

# 第八节　水文测验方式现状与水文基地建设和站队结合工作开展状况

## 一、水文测验方式现状

内陆河湖现有 184 处测验断面，测验方式分别为驻测、汛期驻测和巡测三种方式，其中驻测断面为 158 处，占测站总断面数的 85%，其他两类断面分别只占 7% 和 8%，水位流量单一关系的站 24 处，水文站自动测报还未开展。

流域内 41 处水位流量单一关系的水文站有 24 处是驻测站，这些驻测站基本上都有 30 年以上的实测资料，理论上可对这 41 处站点实行巡测或汛期驻测方式，50% 的水文站（断面）需要研究进一步改革测验方式，提高测验手段，减轻水文测验任务。在规划站网调整方案时，应考虑对这些测站尤其是报汛站实行流量汛期驻测；对仅仅承担水文资料常规收集任务的测站，水位、降水量可以考虑固态存储，定期下载资料。

但是，随着水利工程的日益增加，越来越多的水文站受到水利工程的影响，原先水位流量单一关系的水文站有可能关系不再单一，原先撤销或降级的水文站点再恢复则需要重新配置测验设备及站房，所需经费较大。

水文测验方式改革与技术创新，事关水文事业发展全局。按照新时期我区经济社会和水文快速发展的客观要求，学习借鉴长江委水文局等先进单位的成功经验，积极探讨与水文发展体系相适应的水文测验方式改革与技术创新的工作思路、模式和实现途径与方法。达到认清形势、统一认识、理清思路、坚定信心的目的，为全面推进我区水文改革与技术创新打下良好的基础。

## 二、水文事业发展现状

1. 近年来我区水文事业取得的主要成就

随着经济社会和水利事业的快速发展，水文行业解放思想、开拓进取、不懈努力，水文事业取得重大进展，主要体现在以下 6 个方面：

（1）新时期水文发展定位得以明确。按照水利部提出的"大水文"的发展理念，我们确立了"抓项目、抓改革、抓管理、抓民生、强服务，以优质的水文水资源信息支撑水资源可持续利用、支撑经济社会可持续发展"的"四抓一强两支撑"发展思路，确立"立足水利，面向全社会服务"的定位，全力推进从"行业水文"向"社会水文"转变。这一发展思路的确立，为我区水文事业发展指明了正确方向。

（2）水文法规体系建设取得重大突破。国家《水文条例》颁布施行后，广西壮族自治区在全国省级层面率先出台《广西壮族自治区水文条例》和《广西壮族自治区人民政府关于加快我区水文事业发展的意见》等地方性水文法规和规范性文件，与水文法规配套的政策体系不断丰富，为水文事业健康发展奠定了重要的法律保障。

（3）管理体制改革深入推进。目前，我区水文系统区、市、县三级全员参照公务员法管理，在13个地级市和24个县（市、区）设立了双重管理的水文机构，并以提升服务能力为基础，以促进全面服务为目标，在全区市、县水文机构开展了双重管理规范化建设，使水文进一步融入地方，积极推进水文测验改革与技术创新，实现我区水文事业科学、和谐发展。

（4）水文投入明显增长。

（5）水文服务范围不断拓展。针对我区洪涝干旱灾害频繁、水资源供需矛盾突出、水污染形势严峻等问题，为防汛抗旱减灾、水资源管理保护、经济社会发展和城市水文、水生态监测等新领域提供了优质服务和信息支撑。

（6）水文人才队伍建设得到加强。以抓好水文管理人才、水文科技人才、水文技能人才"三支队伍建设"为主线，大力实施水文人才工程，取得显著成效。在取得成绩的同时，也应看到，当前我区水文工作还存在一些主要问题：一是管理体制尚未完全理顺，基层水文机构的规格级别与水文的地位作用不相称，参照公务员法管理后水文技术发展明显滞后，制约水文行业发展；二是站网和监测体系尚不健全，尚未形成有效支持最严格水资源管理、水旱灾害防御、城镇化发展、饮水安全、水生态与水环境保护以及经济社会涉水活动需求等的水文站网和监测体系，影响水文服务有效开展；三是水文服务体系尚不完善，水文服务水利中心工作方面还不够精细深入、为经济社会其他部门提供的服务能力不足、水文信息共享滞后、水文队伍的整体业务服务能力还不强。

2.我区水文测验方式发展历程

改革与技术创新的重要性和紧迫性。近年来，我们大力推进"水文测验方式改革、水文管理体制改革、水文用工制度改革、水文新技术新设备推广应用"四项改革与创新工作。水文管理体制改革、水文用工制度改革、水文新技术新设备推广应用，已经取得一定的成效。水文测验方式改革相对滞后、进展缓慢，成为影响我区水文事业发展的主要瓶颈。就我区的水文测验方式而言，主要存在以下三方面问题：

（1）受长期以来形成的固守断面驻站测验习惯的影响，思想观念僵化保守，缺乏创新变革的勇气和气魄；

（2）水文测验过分强调测验的次数和原始资料的精准度，需要的大量人力与目前人员编制无法增加形成矛盾，与我区水文监测站网大幅度发展的形势不相适应；

（3）水文工作还是停留在原始资料积累的水平上，与新时期经济社会发展所需要的成果服务及水文的地位作用不相适应。

从水利宏观布局、水资源管理、水生态文明建设、水利基础设施建设、水利改革创新等方面做出重要部署，提出更高要求。中央一号文件明确提出了要强化水文科技支撑，加强水文基础设施建设，优化站网布局，着力增强重点地区、重要城市、地下水超采区水文测报能力，加快应急机动监测能力建设，全面提高服务水平；加强监测预警能力建设，加大投入，整合资源，提高雨情、汛情、旱情预报水平；对水资源开发利用总量控制、用水效率控制、水功能区纳污限制的"三条红线"，实施严格的水资源管理考核制度，加强水量水质监测能力建设。这些都对水文提出了更新更高要求，水文事业发展正迎来前所未有的发展机遇。

随着中小河流水文测报系统和水文基础设施建设大力推进，"大水文"服务理念的深入实施，水文监测服务的内容和范围不断扩大，也对水文测验方式与测验技术提出了新的、更高的要求。此时，提出水文测验方式改革与技术创新，正是勇于承担历史使命的选择。

推进水文测验方式改革与技术创新，是实现我区水文事业科学发展的需要。创新既是促进水文测验变革、提升测站管理活力、推动水文事业技术进步的动力，也是提高单位技术实力，增强服务能力的有效手段。多年以来，我区的水文测站都是由职工长年累月驻站监测，固定断面，部分基层水文单位由于职工长期缺乏学习交流提高的良好氛围，思想观念保守落后，直接影响着水文事业的科学发展。与之相比，水文系统雨量站由 565 个增至目前的 2 997 个，水文（位）站由 136 个增至目前的 600 个，水文设施设备维护和水文测验工作任务成几何级数增长。全国中小河流水文监测系统建设三年规划总投资 9.3 亿元，新建水文监测站点和水文监测任务将会成倍增加。如何解决水文人员编制不变与水文监测站点快速增加的矛盾，已经成为我区水文人迫切需要解决的问题。可以说，水文测验方式与技术，决定着水文职工的工作生活质量，已经成为影响我区水文事业科学发展的关键因素。

推进水文测验方式改革与技术创新，是提升我区水文服务支撑保障能力的需要。随着生态文明建设、最严格水资源管理制度实施和经济社会的快速发展，水文的基础地位更加重要、支撑作用更加突出、发展前景更加广阔，对水文工作提出的服务需求越来越多，服务要求越来越高。只有创造性地对水文测验方式方法进行技术创新，突破旧的理念和传统水文测验模式的禁锢，才能整合出更多的资源以拓展服务领域、提高服务水平和满足新的需求。水文测站职工除大洪水抢测期间工作比较繁忙外，平时工作不饱和，闲置人力、浪费时间的问题较为突出。这就要求我们必须适应扩大水文服务范围和提高服务水平的需要，改变传统的水文测验方式，推进测验技术创新，解放和优化水文人力资源，全力提升我区水文服务支撑保障能力。可以说，推进水文测验方式改革与技术创新，是提高测验效率、加快信息传输速度、增强水文服务能力、提高水文社会地位、更好地服务社会经济的必然选择。

推进水文测验方式改革与技术创新，是促进我区水文现代化的需要。水文现代化建设，关键是水文测验方式与技术的现代化，根本标志是提高水文服务能力，以优质的水文水资源信息支撑水资源的可持续利用、支撑经济社会的可持续发展。欧美发达国家已建成覆盖所有水文站和雨量站的水情自动测报系统，并采用卫星、雷达等系统进行水文监测，水文工作已经向自动化、无人值守和巡测方向发展。与此相比，我区的水文测验方式仍然是以驻站测验为主，水文测报技术手段明显落后，绝大多数测验项目仍采用传统的设备、仪器和方法施测，操作技术落后，劳动强度大，安全系数低。从测次精简到测次优化，这是一个不断探索、不断进步的过程。水文测验改革与技术创新的本质是要立足"大水文"，从根本上改革我们传统的水文测验方式方法，落脚点是创新成果必须要有实践应用或理论价值，必须是一项基于测验手段、规律方法、管理机制、运作模式、理念与认知以及标准体系等多层面的系统创新，提高生产效率和能力，降低劳动强度和成本。推进水文测验方式改革与技术创新，是水文现代化发展的必然趋势。

3. 推进我区水文测验方式改革与技术创新的初步想法

（1）加强水文巡测基地建设，为水文测验方式与技术创新提供基础。要按照"大中小基地结合，驻守不驻站，整合资源，水文人进城"的工作思路，抓住当前大规模推进市、县水文巡测基地建设的历史性机遇，结合中小河流水文监测系统水文测站建设与调整等重大项目建设，持续推进我区12个地级市和51个县级水文巡测基地的建设工作，落实征地，加快前期工作，加大建设工作力度，完善实行水文测验方式改革后集中人员所需的生产场所和办公用房，解决制约人员集中开展水文巡测工作的关键问题，为推进水文测验方式改革与技术创新提供基础。

（2）做好水文测验方式改革试点，寻找我区水文测验方式改革与技术创新突破口。

要按照《水文巡测规范》和《水文现代化建设指导意见》要求，结合辖区水文测站实际，重点加强水位流量关系单值化分析和悬移质泥沙单断沙关系分析，能够巡测的，就不再驻测；能够简测的，采用简测法；能够间测的，采用间测法，在技术分析基础上，制定切实可行的水文测验方式改革与技术创新工作方案。要从基础条件较好、职工积极性较高的水文测站入手，集中力量先抓好一批水文测站测验方式改革试点，以点带面，推动流量、泥沙、水质等各项水文要素测验方式和技术创新工作，全面推进我区水文测验方式改革与技术创新工作。

（3）强化水文测验理论研究，为水文测验方式改革创新提供技术基础。要通过分析研究水文测站特性和测验技术方案，加快水文测站水位流量关系单值化分析，加强泥沙特性和测验条件分析，提出适合我区水文测站采用"巡测、驻测、自动在线监测"相结合的水文测验方式的理论依据和技术方法。要结合水文测验方式改革和技术创新工作实际，制定《水文测验方式改革与技术创新指导意见》，完善有关工作制度与技术规范，为开展水文测验方式改革与技术创新工作的指导和保障。

（4）因地制宜，注重水文监测工作效率与服务实效。我区各地水文工作和生活环境不尽相同，要结合水文监测条件和测站人员的具体情况，从实际出发，以拓宽服务领域，满足当地经济社会发展需要为方向，因地制宜地推进水文测验方式改革和技术创新工作。必须统筹考虑各方面条件，既要与水文巡测基地建设和辖区测报条件相协调，又要考虑职工队伍素质的因素。先易后难，在认真分析辖区交通、通信、水文条件和测站特性的基础上，在提高监测工作效率和拓宽服务领域上下功夫，注重实效，制定切实可行的水文测验改革工作方案，全面提高水文监测和服务水平。

这些探索和研究虽然取得了一定成绩，但泥沙测验还无法从根本上实现在线监测和巡测。因此必须加大新仪器、新设备、新技术的引进和科研力度，尤其是流量、泥沙在线监测设备。只有各种水文测验要素都实现在线监测，水文才能更快捷更高效地为社会服务，水文人才能从繁重的日常工作中解放出来。

（5）加强改革试点、分析总结、全面推进水文测验方式改革。这是系统工程，不可能一蹴而就，也不是一朝一夕就能完成，必须做大量分析、调研和方案优选工作。由于各个水文站的条件千差万别，没有固定模式可以套用，要根据各自的特点来制定测验工作方案，并在实践中不断进行修改和完善。因此要循序渐进，加强改革试点，认真分析总结，取得成功经验后再全面推进。

水文测验方式改革是必然趋势，是一项系统工程，必须发动职工广泛参与。必须要做大量分析、调研工作，要求全面开展单值化分析研究、制定每个站的巡测测验工作方案，重点在流量、泥沙测验方式上的改革。建立以巡测工作为主，驻测、间测、简测、巡测相结合的测验模式。要加强培训，提高职工的工作能力和水平。建立健全巡测机构、配备相应的巡测仪器设备和交通工具，制定巡测测验、资料整编补充规定。加大设备引进尤其是在线自动监测设备的推广应用力度，以各种水文测验要素全部实现在线监测为终极目标。

水文测验技术标准是开展水文测验工作的基础、依据和行动指南，是水文测验成果质量的保证，其适应性直接关系到水文测验工作的质量、效率和成本。

## 三、水文测验技术标准体系建设现状

水文测验是指测量各种水文要素的全部作业。通过水文测验可以获得各种水文要素不同时间、不同地点的定量数据，即水文资料。研究和分析这些水文资料，可以揭示水文现象的时空变化规律，进而对未来水文情势做出预估，为经济建设和社会发展提供重要的基础信息和决策依据。

水文测验技术标准是开展水文测验工作的基础、依据和行动指南，是水文测验成果质量的保证。由于水文现象具有时间上的随机性和空间上的地区差异性等特点，如何在适当的地点、适当的时机，采用适当的方法，测获一定精度的水文资料，需要建立统一的技术标准。因此，水文测验技术标准体系的建设显得尤为重要。

我国最早的《水文测量规范》是由扬子江水利委员会在1928年制定的。新中国成立前，我国的水文测验规范由各地水利部门自行制定，全国并不统一。新中国成立初期，国民经济百废待兴，根本没有能力去建立自己的技术标准体系，实际工作中则引用苏联标准。但因其对测验误差的估算和精度控制是事后进行的，其致命缺点就是当测验误差超出规定时，测验成果报废，而再进行补测已是时过境迁，再也测不到当时的水文要素量值，留下无法弥补的缺憾。

这一看似仅仅是测验方案确定方法上的改变，却是理念上的一次飞跃，在水文测验精度控制上由事后检查弥补到事前控制，改变了以往"亡羊补牢"的工作思路和方法。水文测验技术标准体系的逐步充实和完善，有力推动了水文技术进步与发展，有效保障了水文信息的准确性和时效性，大大提高了水文服务经济社会建设的质量和效益。

1.现行水文测验技术标准的适应性评价

我国现行水文测验技术标准，是在认真总结我国水文测验的长期实践经验，并进行大量理论和实（试）研究的基础上建立起来的，既充分考虑了我国河流的特点，传承了我国传统的水文测验方式方法，又引进了大量国际先进技术与经验，且与国际标准接轨，具有鲜明的时代特色，在规范水文测验程序、统一水文测验技术标准、保证水文资料成果质量方面起到了重要的不可替代的作用，有力地促进了水文的进步和发展，从根本上保障了水文工作服务于国民经济建设的质量。例如，现行水文测验技术标准中，《河流流量测验规范》中对于测点测速历时的规定，可以有效减少流速波动所产生的测速误差；对于单次流量测验精度的规定，可以保证测验精度；对流量测验成果的检查分析的规定，可以保证及时发现测验工作中出现的问题，以便迅速查明原因并及时采取现场纠正或补救措施；《声学多普勒流量测验规范》的颁布实施，有力促进了声学多普勒剖面流速仪在我国的推广和应用。

实践表明，现行水文测验技术标准的整体适用性良好，基本满足了水文科技进步与社会发展的需要。但随着时代的发展，科技的进步，水文服务领域的不断拓展，以及人类活动对水文规律影响的日益加剧，传统水文测验技术和方式方法面临诸多新的挑战，一些水文测验技术标准在某些方面已经难以保持"技术上的先进性、经济上的合理性"，与社会需求和水文改革发展的需要不相适应，甚至阻碍了水文测验技术方式方法的创新工作。

2. 现行水文测验技术标准存在的主要问题

（1）缺乏评价指标体系和评价机制，使标准使用周期过长，老化现象严重。根据国家技术监督局《国家标准管理办法》和水利部《水利标准化工作管理办法》的有关规定，技术标准实施后，应根据科学技术的发展和经济建设的需要适时进行复审，以确认标准继续有效还是需要修订。复审周期一般为 5 年。在这十数年间，水文测验技术有了很大的发展，许多新仪器、新技术在水文测验领域得到广泛应用；经济和社会的快速发展也使水文测验的服务需求发生了较大的变化，从单纯地收集资料和为防汛抗旱服务，到今天成为国民经济和社会发展的基础性公益事业，服务领域不断扩展；水利工程和人类活动对水文测验方式方法的影响逐日加剧。由于缺乏评价指标体系和评价机制，一些标准使用周期过长、老化现象严重、不符合《水利标准化工作管理办法》"水利技术标准应做到技术先进、安全可靠、经济合理和便于实施"的要求，而且结构和体例格式也不符合现行国家和行业有关标准的要求。

（2）精度指标没有体现资料用途和测验难度的差异。水文资料的应用涉及社会的各个方面，使用者对其精度和时效性的要求是有差异的。如：水文分析计算中，对资料系列长度有一定要求，希望越长越好，对资料精度和时效性的要求则相对较低；而在水情预测预报和水资源调配中，对资料的精度和时效性的要求则较高，而且不同的时间段要求也不相同，水情预测预报偏重于汛期、水资源调配则偏重于枯季。

另一方面，我国的河流各有特点，测站控制条件千差万别，工作环境和技术难度的不同使测站的测验难度差异很大。测验难度较低的站，精度很容易得到控制，而测验难度较高的站，精度控制往往很困难。尤其是随着人类活动的加剧，许多测站的控制条件和水流情势发生了较大变化，仍然采用原来精度指标，无疑会大大增加测验的难度，有时技术上甚至难以做到。

现行水文测验精度指标是按测站类别确定的，而测站类别则大多数是按控制面积确定的，没有体现资料用途和测验难度的差异。

（3）有些标准对于测次的规定偏多，有悖于"经济合理"的原则。水文测验的测次除了取决于用户的需求之外，还取决于水文规律的显著程度、水文要素之间的关系，并非测次越多越好。规律不明显、水文要素之间关系不好，则所需要的测次就多；反之，规律明显、水文要素之间关系良好，则所需要的测次就少。另一方面，水文测验是要付出成本的，规定测次时，不仅应当考虑社会效益，也应当考虑经济效益，投入与产出应当相适应。

而现行有些标准不是依据用户的需求和水文规律来规定测次，一味要求测次越多越好。这种规定，显然有悖于"经济合理"的原则。

参考《河流悬移质泥沙测验规范》，实际上，某些河流平、枯水期的含沙量很小。据长江委水文局对所属 59 个泥沙站的资料分析研究，13 个测站枯季 6 个月（11 月至次年 4 月）输沙量占全年输沙量的比例小于 1%，还有相当一部分测站的枯季月输沙量占全年输沙量的比例小于 0.1%。由此可见，对平、枯水期过多的测次，没有太大的实际意义，反而增加了生产成本。

（4）有些标准适用性不强

标准既是"对重复性事物和概念所做的统一规定"，应当便于操作、方便使用。而现行有些标准适用性不强。如《河流流量测验规范》，流速仪法测流方案选择表没有涵盖所有测流方案，有许多方案需要插补才能得到，使用时不太方便。

建立水文测验技术标准适应性评价指标体系和评价机制，及时进行更新和完善。依据《国家标准管理办法》和《水利标准化工作管理办法》的有关规定，标准实施后，应当根据科学技术的发展和经济建设的需要，适时进行复审。复审就是对标准的适应性进行客观公正的评价。因此，需要从"技术先进、安全可靠、经济合理、便于实施"等方面，建立量化的评价指标体系，减少评价中的主观随意性。同时应建立长期有效的评价机制，使水文测验技术标准的适应性评价制度化、规范化，不断根据水文科技发展和经济建设的需要，及时更新和完善水文测验技术标准体系，保持其先进性和合理性。

依据用户需求和水文规律，经济合理地确定精度指标和测验次数。随着社会的进步和经济的发展，水文测验的主要服务需求发生了较大变化，精度指标体系急需重新建立。而精度指标体系的建立则需要开展一些重要的分析研究工作。如：水文分析计算、水文预报等对水文资料的精度需求；现有规范性技术文件主要精度指标调整的可行性；指标体系调整后，对水文测验技术方式方法的创新、水文预测预报技术等的影响。

在"经济合理"的原则下，依据用户需求和水文规律，合理确定精度指标和测验次数。如：对报汛站，尤其是重要报汛站，汛期的精度要求可高一些，测次也要多一些，以满足防汛需要；枯期则精度适当降低，测次也适当减少。对一般资料收集站，精度可适当放宽；对水量调配重要控制站，枯季精度要提高一些，测次也要多一些。对测验环境较差、测验难度较大，尤其是受水利工程影响程度较为严重的测站，可适当放宽精度指标。

提高标准质量，增强标准的可操作性。标准产生的客观基础是"科学、技术和实践经验的综合成果"。现行水文测验技术标准就是在综合分析、比较、选择水文科学研究的新成果，技术进步的新成就以及在长期实践中总结出来的先进经验的基础上产生的，是对水文科学、技术和实践经验的提炼和概括。这就要求我们在实施过程中不断地总结经验、发现问题，为标准修订积累丰富的素材，努力提高标准质量，增强标准的可操作性。

标准修订应以"大水文观"为指导，有利于促进水文事业改革与发展。"站网优化、分级管理、站队结合、精兵高效、技术先进、优质服务"的科学发展模式早就提出来，但实施效果却不尽如人意。对现行标准的修订应以"大水文观"为指导，体现"完整性、协调性、实用性、前瞻性"，有利于拓宽服务领域，推进站队结合，减小劳动强度，提高生产效率，促进水文事业改革与发展。

## 四、水文基地建设和站队结合工作开展状况

水文巡测是测验方式的重大改革，是促进水文体制改革的重要环节，也是满足新形势下各方面对水文的要求而采取拓宽资料收集范围的一种方式，是逐步实行"站网优化、分级管理、站队结合、精兵高效、技术先进、优质服务"工作模式的必由之路，也是水文工作走出困境，实现良性循环的根本出路，是水文基地建设的基础。

水文巡测的主要功能是把基层测验人员从长期封闭、孤立地驻守在偏远分散的测站直至终老的现状中解放出来，通过相对集中、开展培训、提高测验分析的技术含量，

来达到改善基层测站人员的工作和生活水平，完成水文水资源监测系统中的定位观测所不能完成的工作；减少定位观测，发挥巡测灵活机动的优势，扩大水文信息的收集范围，为社会提供更优质的服务。

**1.基地建设和站队结合工作现状**

经过多年的不断实践、不断创新、不断总结、不断前进，形成了以平原区、山丘区、经济发达地区等多种管理模式并存的发展格局。在勘测方式上，实现了由常年驻测向巡测、遥测和委托观测的转变；在人员管理上，实现了由松散型向集中型管理的转变；在水文服务上，实现了由单纯的测验向社会化服务转变。目前，流域内共建成测站职工在城市集中的工作和生活基地27处，分别为分局20处、勘测队2处和中心站5处。这些站队共辖有水文站173处（其中轮流值守120处，巡测站12处），水位站3处（其中汛期驻测间测站1处，巡测站1处），雨量站204处，水质站25处以及地下水站243处。

**2.基地建设和站队结合工作目标评价**

站队结合是对基层水文生产方式和管理体制的综合性改革。它运用先进的科技手段和方法，在现有水文站网和水文职工队伍的基础上，分片组合成立勘测队或巡测队，改变传统的单一驻守观测方式，实行驻测、巡测和委托观测、水文调查以及工程控制法与水力因素法相结合的站队结合方式。建设的最终目标是要实现水文水资源信息从采集、传输、处理到决策支持全部自动化，即"数字水文"。全面完成测区范围内的各项工作任务，不仅提高工作效率和经济效益，而且为防汛、水利、资源、环境等国民经济各部门提供快捷而又准确的水文信息服务。

结合内陆河湖目前水文站、水位站、雨量站网站点多、自动化程度低、人员少等问题，在今后规划站网调整方案时应考虑对这些测站，尤其是报汛站，实施水位、降水量自记和遥测，流量汛期驻测或巡测，建议组建站队结合基地，推广"区域巡测"模式。通过驻测和巡测有机、科学地结合起来，完成测报任务，完善区域巡测工作，提高工作效率，从而提高服务水平。

针对仅仅承担水文资料常规收集任务的测站，可以采用自记或固态存储，定期下载资料。尤其是对设站已30年以上的单一线断面，应采取"有人看管，无人值守"的测验方式，比如站队结合的工作方式，以解决人员不足、职工生活条件差等问题，同时也提高基础水文测验的工作效率与水平。

对当前"以人为本"的社会可持续发展思路，更应进一步坚定推动"站队结合"工作的信念，开展形式多样的基地（队）模式。可以是分局勘测队，甚至可以是设置在城市附近的规模相对大一些的水文站，主要是为基层测站人员在城市里提供一个相对集中的场所，从而改善工作和生活条件，实施轮流培训，不断提高业务水平，由单点固守模式逐步向以点带面、扩大流域和行政辖区面上信息收集的模式转变。

3. 存在问题

（1）水文经费投入不足，水文巡测进展缓慢，现有的水文基地基础设施达不到国家要求的标准，测验项目采用传统的设备、仪器和方法施测，信息的收集、传递、管理等工作还需手工完成，自动化程度低。如内蒙古成立巴彦浩特水文水资源勘测局，内蒙古机构编制委员会批复了2个水文水资源勘测队，即达来呼布和海勃湾水文水资源勘测队。达来呼布勘测队只是巡测1个水文站和1个水位站，至今没有办公场所，巡测设备配置不足。海勃湾水文水资源勘测队至今没有业务及办公场所和巡测设备。

（2）部分内陆河湖区巡测基地尚未完全建成，直接影响水文巡测工作的开展。水文巡测基地没有配备必要的通信设备、交通工具和巡测设备，给工作带来诸多不便，不能满足水文工作为社会经济服务的需要。

（3）对于边远山区的水文测站，尤其已积累了30年以上资料系列的单一线测站，观测设施、设备需要更新改造，测洪标准、自动化水平需要提高，达到水文巡测标准要求，全面开展水文巡测工作。

# 第二章 水文分区

在根据流域或地区的水文特征和自然地理条件所划分的不同水文区域中，同一水文区域内的各个水体具有相似的水文状况及变化规律。本章主要对水文分区进行深入的研究探讨。

## 第一节 资源规划

### 一、水资源规划概述

#### （一）水资源规划的概念

水资源规划是我国水利规划的主要组成部分，对水资源的合理评价、供需分析、优化配置和有效保护具有重要的指导意义。水资源规划的概念是人类长期从事水事活动的产物，是人类在漫长历史过程中在防洪、抗旱、灌溉等一系列的水利活动中逐步形成的，并随着人类生活及生产力的提高而不断地发展变化。

美国的古德曼认为水资源规划就是在开发利用水资源过程中，对水资源的开发目标及其功能在相互协调的前提下做出总体安排。陈家琦教授等认为，水资源规划是指在统一的方针、任务和目标的约束下，对有关水资源的评价、分配和供需平衡分析及对策，以及方案实施后可能对经济、社会和环境的影响方面而制定的总体安排。左其亭教授等认为，水资源规划是以水资源利用、调配为对象，在一定区域内为开发水资源、防治水患、保护生态环境、提高水资源综合利用效益而制定的总体措施、计划与安排。

#### （二）水资源规划的编制原则

水资源规划是为适应社会和经济发展的需要而制定的对水资源开发利用和保护工作的战略性布局。其作用是协调各用水部门和地区间的用水要求，使有限的可用水资源在不同用户和地区间合理分配，减少用水矛盾，以达到社会、经济和环境效益的优化组合，并充分估计规划中拟定的水资源开发利用可能引发的对生态环境的不利影响，并提出对策，实现水资源可持续利用的目标。

### 1. 全局统筹，兼顾社会经济发展与生态环境保护的原则

水资源规划是一个系统工程，必须从整体、全局的观点来分析评价水资源系统，以整体最优为目标，避免片面追求某一方面、某一区域作用的水资源规划。水资源规划不仅要有全局统筹的要求，在当前生态环境变化的背景下，还要兼顾社会经济发展与生态环境保护之间的平衡。区域社会经济发展要以不破坏区域生态环境为前提，同时要与水资源承载力和生态环境承载力相适应，在充分考虑生态环境用水需求的前提下，制定合理的国民经济发展的可供水量，最终实现社会经济与生态环境的可持续协调发展。

### 2. 水资源优化配置原则

从水循环角度分析，考虑水资源利用的供用耗排过程，水资源配置的核心实质是关于流域耗水的分配和平衡。具体来讲，水资源合理配置是指依据社会经济与生态环境可持续发展的需要，以有效、公平和可持续发展的原则，对有限的、不同形式的水资源，通过工程和非工程措施，调节水资源的时空分布等，在社会经济与生态环境用水，以及社会经济构成中各类用水户之间进行科学合理的分配。由于水资源的有限性，在水资源分配利用中存在供需矛盾，如各类用水户竞争、流域协调、经济与生态环境用水效益、当前用水与未来用水等一系列的复杂关系。水资源的优化配置就是要在上述一系列复杂关系中寻求一个各个方面都可接受的水资源分配方案。一般而言，要以实现总体效益最大为目标，避免对某一个体的效益或利益的片面追求。而优化配置则是人们在寻找合理配置方案中所利用的方法和手段。

### 3. 可持续发展原则

从传统发展模式向可持续发展模式转变，必然要求传统发展模式下的水利工作方针向可持续发展模式下的水利工作方针实现相应的转变。因此，水资源规划的指导思想，要从传统的偏于对自然规律和工程规律的认识，向更多地认识经济规律和管理作用过渡；从注重单一工程的建设，向发挥工程系统的整体作用并注意水资源的整体性努力；从以工程措施为主，逐步向工程措施与非工程措施并重；由主要依靠外延增加供水，逐步向提高利用效率和挖潜配套改造等内涵发展方式过渡；从单纯注重经济用水，逐步向社会经济用水与生态环境用水并重；从单纯依靠工程手段进行资源配置，向更多依靠经济、法律、管理手段逐步过渡。

4. 系统分析和综合利用原则

水资源规划涉及多个方面、多个部门及众多行业，同时在各用水户竞争、水资源时空分布、优化配置等一系列的复杂关系中很难实现水资源供需完全平衡。这就需要在制定水资源规划时，既要对问题进行系统分析，又要采取综合措施，开源与节流并举，最大可能地满足各方面的需求，让有限的水资源创造更多的效益，实现其效用价值的最大化。同时进行水资源的再循环利用，提高污水的处理率，实现污水再处理后用于清洗、绿化灌溉等领域。

## （三）水资源规划的指导思想

1. 水资源规划需要综合考虑社会效益、经济效益和环境效益，确保社会经济发展与水资源利用、生态环境保护相协调。

2. 需要考虑水资源的可承载能力或可再生性，使水资源利用在可持续利用的允许范围内，确保当代人与后代人之间的协调。

3. 需要考虑水资源规划的实施与社会经济发展水平相适应，确保水资源规划方案在现有条件下是可行的。

4. 需要从区域或流域整体的角度来看待问题，考虑流域上下游以及不同区域用水间的平衡，确保区域社会经济持续协调发展。

5. 需要与社会经济发展密切结合，注重全社会公众的广泛参与，注重从社会发展根源上来寻找解决水问题的途径，也配合采取一些经济手段，确保"人"与"自然"的协调。

## （四）水资源规划的类型

水资源系统规划根据不同范围和要求，主要分为以下几种类型。

1. 江河流域水资源规划

流域水资源规划的对象是整个江河流域。它包括大型江河流域的水资源规划和中小型河流流域的水资源规划。其研究区域一般是按照地表水系空间地理位置划分的，以流域分水岭为系统边界的水资源系统。内容涉及国民经济发展、地区开发、自然资源与环境保护、社会福利以及其他与水资源有关的问题。

2. 跨流域水资源规划

它是以一个以上的流域为对象，以跨流域调水为目标的水资源规划。跨流域调水涉及多个流域的社会经济发展、水资源利用和生态环境保护等问题。因此，规划中考虑的问题要比单个流域水资源规划更加广泛、复杂，需要探讨水资源分配可能给各个流域带来的社会经济影响。

### 3. 地区水资源规划

地区水资源规划一般是以行政区域或经济区、工程影响区为对象的水资源系统规划。研究内容基本与流域水资源规划相近，规划的重点根据具体的区域和水资源功能的不同而有所侧重。

### 4. 专门水资源规划

专门水资源规划是以流域或地区某一专门任务为对象或对某一行业所做的水资源规划。如防洪规划、水力发电规划、灌溉规划、水资源保护规划、航运规划以及重大水利工程规划等。

## （五）水资源规划的一般程序

水资源规划的步骤因研究区域、水资源功能侧重点的不同、所属行业的不同以及规划目标的差异而有所区别。但基本步骤一致，概括起来主要有以下几个步骤。

### 1. 现场勘探，收集资料

现场勘探、收集资料是最重要的基础工作。基础资料掌握的情况越详细越具体，越有利于规划工作的顺利进行。水资源规划需要收集的基础数据，主要包括相关的社会经济发展资料、水文气象资料、地质资料、水资源开发利用资料以及地形资料等。资料的精度和详细程度主要是根据规划工作所采用的方法和规划目标要求决定的。

### 2. 整理资料，分析问题，确定规划目标

对资料进行整理，包括资料的归并、分类、可靠性检查以及资料的合理查补等。通过整理、分析资料，明确规划区内的问题和开发要求，选定规划目标，作为制定规划方案的依据。

### 3. 水资源评价及供需分析

水资源评价的内容包括规划区水文要素的规律研究和降水量、地表水资源量、地下水资源量以及水资源总量的计算。在进行水资源评价之后，需要进一步对水资源供需关系进行分析。其实质是针对不同时期的需水量，计算相应的水资源工程可供水量，进而分析需水量的供应满足程度。

### 4. 拟定和选定规划方案

根据规划问题和目标，拟定若干规划方案，进行系统分析。方案是在前面工作基

础之上，根据规划目标、要求和资源的情况，人为拟定的。方案的选择要尽可能地反映各方面的意见和需求，防止片面地规划方案。优选方案是通过建立数学模型，采用计算机模拟技术，对拟选方案进行检验评价。

5. 实施的具体措施及综合评价

根据优选方案得到的规划方案，制定相应的具体措施，并进行社会、经济和环境等多准则综合评价，最终确定水资源规划方案。方案实施后，对国民经济、社会发展、生态与环境保护均会产生不同程度的影响，通过综合评价法，多方面、多指标地进行综合分析，全面权衡利弊得失，最后确定方案。

6. 成果审查与实施

成果审查是把规划成果按程序上报，通过一定程序审查。如果审查通过，进入到规划安排实施阶段；如果提出修改意见，就要进一步修改。水资源规划是一项复杂、涉及面广的系统工程，在规划实际制定过程中很难一次性完成让各个部门和个人都满意的规划。规划需要经过多次的反馈、协调，直至各个部门对规划成果都较满意为止。此外，由于外部条件的改变以及人们对水资源规划认识的深入，要对规划方案进行适当的修改、补充和完善。

# 二、水资源规划的内容与任务

## （一）水资源规划的内容

水资源规划涉及面比较广，涉及的内容包括水文学、水资源学、经济学、管理学、生态学、地理学等众多学科，涉及区域内一切与水资源有关的相关部门，以及工农业生产活动。如何制定合理的水资源规划方案，协调满足各行业及各类水资源使用者的利益，是水资源规划要解决的关键性基础问题，也是衡量水资源规划科学合理性的标准。

水资源规划的主要内容包括：

1. 水资源量与质的计算与评估、水资源功能的划分与协调；

2. 水资源的供需平衡分析与水量优化配置；

3. 水环境保护与灾害防治规划以及相应的水利工程规划方案设计及论证等。

水资源规划的核心问题是水资源合理配置，即水资源与其他自然资源、生态环境及经济社会发展的优化配置，达到效用的最大化。

### （二）水资源规划的任务

水资源系统规划是从系统整体出发，依据系统范围内的社会发展和国民经济部门用水的需求，制定流域或地区的水资源开发和河流治理的总体策划工作。其基本任务就是根据国家或地区的社会经济发展现状及计划，在满足生态环境保护以及国民经济各部门发展对水资源需求的前提下，针对区域内水资源条件及特点，按预定的规划目标，制定区域水资源的开发利用方案，提出具体的工程开发方案及开发次序方案等。区域水资源规划的制定不仅仅要考虑区域社会经济发展的要求，同时区域水资源规划的制定对区域国民经济发展速度、结构、模式，生态环境保护标准等都具有一定的约束力。区域水资源规划成果也对区域制定各项水利工程设施建设提供了依据。

水资源规划的具体任务是：

1. 评价区域内水资源开发利用现状；

2. 分析流域或区域条件和特点；

3. 预测经济社会发展趋势与用水前景；

4. 探索规划区内水与宏观经济活动间的相互关系，并根据国家建设方针政策和规定的目标要求，拟定区域在一定时间内应采取的方针、任务，提出主要措施方向、关键工程布局、水资源合理配置、水资源保护对策，以及实施步骤和对区域水资源管理的意见等。

## 三、水资源规划与管理的意义、转变及要求

### （一）水资源规划与管理的意义

#### 1. 水资源规划与管理

水资源规划与管理是保障经济社会可持续发展、促进生态文明建设、实现人与自然和谐相处的迫切要求

我国正处在经济发展和国家建设的重要阶段，经济社会的良性运转离不开水资源这个关键因素。目前，我国诸多地区的经济发展正面临着水问题的严重制约，如防洪安全、干旱缺水、水质恶化和水污染扩散、耕地荒漠化和沙漠化、生态环境质量下降等。要解决这些问题，必须在可持续发展的思想指导下，对水资源进行系统规划、科学管理，这样才能为经济社会的发展提供供水、防洪、环境安全保障。同时，这也是我国政府提出的生态文明建设，实现人与自然和谐相处的重要基础工作。

2.水资源规划与管理是发挥水资源综合最大效益的重要手段

我国人均水资源量很低，同时改革开放以来，经济快速发展导致了水资源需求量迅猛增加，所以，如何利用有限的水资源发挥最大的社会、经济、环境效益是当前急需解决的重要问题之一。根据经济社会发展需求，通过水资源规划手段，分析当前所面临的主要水问题，同时提出可行的水资源优化配置方案，使水资源分配既能维持或改善当前的生态环境，又能发挥最大的经济社会效益。同时，通过水资源管理手段，包括供水调度、排水监控污水处理等工程管理措施和方案选择、水价调整等非工程管理措施，确保水资源优化方案能落到实处并达到预期效果。

3.水资源规划与管理是新时期水利工作的重要环节

自21世纪初期以来，我国政府提出了一系列治水新思路和措施，给新时期水利工作带来了新的机遇和发展。提出的资源水利、生态水利、可持续发展水利、人水和谐、水生态文明、最严格水资源管理制度等指导思想，带动了新时期水利工作的快速转变，既反映了新时期对水利工作更高的要求，也反映了人类对世界更理性的认识。水资源规划与管理正是实现新时期水利工作目标的重要工具，也是新时期水利工作的重要内容，只有在综合考虑人类社会发展、经济发展、生态环境保护、水资源可持续利用的条件下，充分运用水资源规划与管理这个重要的水利技术手段，才能早日实现水利现代化的飞跃。

4.水资源规划与管理是巩固水务体制改革的重要方面

自深圳市实施水务体制改革以来，水务管理体制已在全国范围内不断深入发展。全国76%的县级以上行政区域实行城乡水务一体化。水务体制改革体现了精简高效和一事一部的机构设置原则，也有利于对水资源的统一调配、统一管理，使水源、供水节水、排水和污水处理及中水回用有机结合起来，目前已取得显著的成效。可以看出，水务体制改革的一个重要方面就是加强水资源规划与管理工作的科学性、系统性和整体性，只有做到这一点，才能算真正意义上实现水务一体化管理。

## （二）水资源规划与管理的转变

随着人类对世界认识的深入和环境保护意识的增强，对水资源规划与管理的认识和理解也发生了重大变化，主要表现在以下几个方面。

1.从单一性向系统性转变

单一性包括单一部门、单一目标、单一地区和单一方法。具体地说，过去由于条件的限制，在进行水资源规划与管理时，往往由某一部门来具体负责某一方面的职责，比如规划部门负责水利规划、水利部门负责水源管理、环境部门负责污水处理、城建部门负责供水管线铺设等。水事活动的出发点也往往仅考虑某一目标或侧重考虑某一目标，特别是考虑经济目标多一些；活动范围常常以行政区界线来划分，各地区负责自己辖区内的事务，对于跨区域的水事活动很难做到统筹安排。针对具体问题的解决方法也往往比较单一或过于简单，对水资源系统的复杂性和多变性考虑不够。水资源是一个大系统，地表水与地下水之间，水质与水量之间都存在紧密的联系，这就要求水资源规划与管理不能仅从某个单一方面出发，必须将水资源系统作为一个整体来研究，做到统筹兼顾、系统分析、综合决策，应站在系统整体的高度，采用系统科学的理论方法来分析问题。随着我国经济的发展和科技水平的提高，在水资源规划与管理的工作中已注意到维护水资源系统的完整性，对于水问题的处理也更理性化、系统化。

2. 从单纯追求经济效益向追求社会—经济—环境综合效益转变

我国水资源开发利用的衡量标准主要从工程角度和经济角度出发，而忽略了其潜在的环境效益和社会效益，如黄河中游三门峡水库的兴建就缺乏对来水来沙影响的可行性论证，在实际运行过程中库区泥沙严重淤积，出现影响发电、航运等后果，综合效益远低于预期目标。当今社会，随着人口的增长、耕地面积减少、水资源利用量逐年上涨、水环境污染日益严重，宏观上影响水资源开发利用的因素不断加强。这就造成地区与地区之间、部门与部门之间的用水矛盾日益增多，社会发展、经济增长与资源利用、生态环境保护之间的利益冲突日益尖锐，因此也对当前的水资源规划和管理工作提出了更高的要求。目前，我国的水行政主管部门已认识到这些问题的存在，在水资源规划与管理时也更突出强调对社会—经济—环境综合效益的分析。如著名的南水北调工程在做水资源规划论证时，不仅考虑了调水工程的施工问题、技术难关和经济效益，还对未知的生态环境影响进行了充分论证，并提出了相应的环境保护和水量补偿配套工程方案，从而全面地考虑了工程综合效益的发挥。

3. 从只重视当前发展向可持续发展战略转变

以往，由于受物质条件和认识水平的限制，在做水资源规划与管理时，水资源条件多以现状为基础，来讨论水资源的开发利用方案，对未来的水资源系统变化分析以及对后代人用水产生的影响考虑较少，因此往往导致一些"以大量消耗水资源，牺牲环境，来换取暂时的经济发展"的方案出现，如我国华北地区本是半干旱地区，水资源相当紧缺，而一些地方为了自身利益却发展水田种植水稻。实践证明，缺乏对水资源情况深入认识的经济社会发展规划是不可能长久坚持的。这就要求，在水资源规划、开发和管理中，寻求经济发展、环境保护和人类社会福利之间的最佳联系与协调，即人们常说的探索水资源开发利用和管理的良性循环。随着可持续发展战略思想融入经济社会发展的各个领域，对于水资源规划与管理也同样提出了类似的要求，需要在水利工作中积极贯彻可持续发展思想的指导思想，将其所表达的内涵和精髓融入实际工作中。

### 4. 从重视水资源本身向重视人水和谐转变

由于受认识水平和现实条件的限制，过去在水资源规划与管理中较多关注水资源系统本身，重视水资源的形成转化、开发利用而引起的问题及治理等，主要是"就水论水"，通过规划和管理，保证水资源有效开发利用和治理。然后，随着用水矛盾的突出，水问题越来越复杂，水的问题不仅仅是水资源本身的问题，还涉及与水资源有联系的人类社会和生态环境系统。在进行水资源规划与管理工作时，不能单纯就水论水，而要把水资源变化及其引起的生态系统变化放在流域、区域乃至全球变化系统中，从自然、社会、经济多方面相互联系和系统综合的角度来开展研究，实现人水和谐的目标。

## （三）水资源规划与管理的要求

随着当今世界人类活动的加剧，对水资源开发利用规模的不断扩大，地区之间、部门之间的用水矛盾将更加尖锐，经济发展与生态环境保护的冲突也日益紧张。在这种形势下，人们不得不更加注重社会、经济、环境之间的协调发展，地区、部门之间的协调用水，当代社会与未来社会之间的协调过渡。这就向传统的水资源规划与管理思想提出了挑战，具体表现在以下几个方面。

### 1. 必须加强水资源规划与管理的系统性研究

由于水资源系统不是一个独立的个体，它与人类社会、生态系统和自然环境等外部要紧密相连，它们之间相互作用、相互影响、相互制约，因此在开展水资源规划与管理工作时，必须要将它们联系起来，进行系统分析和研究。同时，就水资源本身来说，它也包含许多属性和用途，如水量和水质属性，地表水和地下水分类，生产用水、生活用水和生态用水不同用途等，因此只有把水资源的各个方面都纳入一个整体来研究，才能避免出现这样或那样的不良影响和问题。

### 2. 必须加强多学科的基础性研究

水资源规划与管理研究的内容比较广泛，仅靠水利科学的理论知识是不能满足实际需求的，必须加强水利科学、社会经济学、生态学、环境科学、数学、化学、系统科学等多种学科的基础性研究。只有在完成这些扎实的基础工作后，制定的水资源规划与管理方案或措施才能有保障。同时，要加强它们之间的交叉运用和融合，借鉴其他学科的理论和思想，并运用到实际工作中去，这样才能使研究内容更全面，更具备通用性和实用性。

3.必须加强可持续发展思想的指导作用

在进行水资源规划与管理时，应当考虑长远的效应和影响，包括对后代人用水的影响，以及考虑"当代人用水而不危及后代人用水"的条件。这正是可持续发展的指导思想，水资源规划与管理的准则应当包括可持续发展的思想。因此，新时期水资源规划与管理工作应该坚持可持续发展的指导思想，从社会、经济、资源、环境相协调的高度来分析问题，制定水资源规划与管理的方案和措施，将可持续发展思想落到实处。

4.必须坚持人水和谐理念，促进生态文明建设

水问题是人类共同面临的挑战，追求人水和谐是人类共同的目标。水资源规划与管理必须坚持人水和谐思想。人水和谐也成为新时期我国治水思路的核心内容，涉及"水与社会、水与经济、水与生态"等多方面，需要在包含与水和人类活动相关的社会、经济、地理、生态、环境、资源等方面及相互作用的人—水复杂系统中进行研究。

5.必须加强新技术和新理论的应用研究

随着科技水平的飞速发展，新理论、新技术（如遥感技术、地理信息技术、水文信息技术、数据传输技术等）已在诸多领域得到广泛运用，并推动了各学科的前进和发展。水资源规划与管理也应跟上时代前进的步伐，积极吸纳前沿的技术和方法，加强与它们之间的结合和应用，使水资源系统的研究层次和科学管理水平有所提高，以适应现代管理的需要。

## 四、水资源规划的基础理论

水资源规划涉及面广，问题往往比较复杂，不仅涉及自然科学领域知识，如水资源学、生态学、环境学等众多学科，以及水利工程建设等工程技术领域，同时还涉及经济学、社会学、管理学等社会科学领域。因此，水资源规划是建立在自然科学和社会科学两大基础之上的综合应用学科。水资源规划简化为三个层次的衡量。

哲学层次:即基本价值观问题，如何看待自然状态下的水资源价值、生态环境价值，以及以人类自身利益为标准的水资源价值、生态环境价值，两者之间权衡的问题等。

经济学层次：识别各类规划活动的边际成本，水利活动的社会效益、经济效益及生态环境效益。

工程学层次：认识自然规律、工程规律和管理规律，通过工程措施和非工程措施保证规划预期实现。

1. 水资源学基础

水资源学是水资源规划的基础，是研究地球水资源形成、循环、演化过程规律的科学。随着水资源科学的不断发展完善，在其成长过程中，其主要研究对象可以归结为三个方面：研究自然界水资源的形成、演化、运动的机理，水资源在地球上的空间分布及其变化的规律，以及在不同区域上的数量；研究在人类社会及其经济发展中为满足对水资源的需要而开发利用水资源的科学途径；研究在人类开发利用水资源过程中引起的环境变化，以及水循环自身变化对自然水资源规律的影响，探索在环境变化中如何保持水资源的可持续利用途径等。从水资源学的三个主要研究内容就可以看出，水资源学本身的研究内容涉及众多相关领域的基础科学，如水文学、水力学、水动力学等。以水的三态转化以及全球、区域水循环过程为基础，通过对水循环过程的深入研究，实现水资源规划的优化提高。

2. 经济学基础

水资源规划的经济学基础主要表现在两个方面：一方面是水资源规划作为具体工程与管理项目本身对经济与财务核算的需要；另一方面是水资源规划作为区域国民宏观经济规划的重要组成部分，需要在国家经济体制条件下，在国家政府层面进行宏观经济分析。在微观层面，水利工程项目的建设，需要进行投资效益、益本比、内部回收率以及边际成本等分析，具体工程的投资建设都需要进行工程投资财务核算，要求达到工程建设实施的财务计算净盈利。在宏观层面，仅以市场经济学的价值规律作为水资源规划的基础，必然使水资源的社会价值、生态环境效益、生态服务效益得不到充分的体现。因此，水资源规划既要在微观层面考虑具体水利工程的收益问题，还要考虑区域宏观经济可持续发展的需要。根据社会净福利最大和边际成本替代两个准则确定合理的水资源供需平衡水平，二者间的平衡水平应以更大范围内的全社会总代价最小为准则（即社会净福利最大），为区域国民经济发展提供合理科学持续的水资源保障。

3. 工程技术基础

水资源的开发利用模式多种多样，涉及社会经济的各个方面，因此与之相关的科学基础均可看作水资源规划的基础学科，如工程力学、结构力学、材料力学、水能利用学、水工建筑物学、农田水利、给排水工程学、水利经济学等，也包括有关的应用基础科学，如水文学、水力学、工程力学、土力学、岩石力学、河流动力学、工程地质学等，还包括现代信息科学，如计算机技术、通信、网络、遥感、自动控制等。此外，还涉及相关的地球科学，如气象学、地质学、地理学、测绘学、农学、林学、生态学、管理学等学科。

4. 环境工程、环境科学基础

水资源规划中涉及的"环境"是一个广义的环境，包括环境保护意义下的环境，即环境的污染问题；另一个是生态环境，即普遍性的生态环境问题。水资源的开发利用不可避免地会影响到自然生态环境中水循环的改变，引起水环境、水化学性质、水生态等诸多方面发生相应的改变。从自然规律看，各种自然地理要素作用下形成的流域水循环，是流域复合生态系统的主要控制性因素，对人为产生的物理与化学干扰极为敏感。流域的水循环规律改变可能引起在资源、环境、生态方面的一系列不利效应：流域产流机制改变，在同等降水条件下，水资源总量会发生相应的改变；径流减少则导致河床泥沙淤积规律改变，在多沙河流上泥沙淤积又使河床抬高、河势重塑；径流减少还导致水环境容量减少而水质等级降低等。

## 五、水资源优化配置的目标及原则

### （一）水资源优化配置的目标

水资源优化配置要实现效益最大化，是从社会、经济、生态三个方面来衡量的，是综合效益的最大化。从社会方面来说，要实现社会和谐，保障人民安居乐业，促使社会不断进步；从经济方面来说，要实现区域经济可持续发展，不断提高人民群众的生活水平；从生态方面来说，要实现生态系统的良性循环，保障良好的人居生存环境。总体上达到既能促进社会经济不断发展，又能维护良好生态环境的目标。水资源优化配置的最终目标就是实现水资源的可持续利用，保证社会经济、资源、生态环境的协调发展。水资源优化配置的目标是协调水资源供需矛盾、保护生态环境、促进区域社会经济可持续发展，故水资源优化配置需要从以下三个方面来实现。

1. 有效增加供水

通过工程措施，改变水资源的天然时空分布来适应生产力的布局。通过管理措施，提高水的分配效率特别是循环利用率和重复利用率，协调各项竞争性用水。通过其他措施，加强水利工程调度管理，提高水资源尤其是洪水资源的利用率。

2. 合理控制需求

提高水的利用效率，通过调整产业结构，采取节水型生产工艺、节水型仪器设备，建设节水型经济和节水型社会等途径，抑制经济社会发展对水资源需求的增长，实现水资源需求的零增长或负增长。同时，用水效率反映了技术进步的程度、节水水平和节水潜力，它受到用水技术和管理水平的制约。

### 3.积极保护生态环境

为保持水资源和生态环境的可再生维持功能,在经济社会发展和生态环境保护之间应确定一个协调平衡点。这个平衡点需要满足两个条件:一是经济社会发展需求水资源产生的生态影响,以及由此导致的整体生态状况应当不低于现状水平(现状生态环境状况较差需要修复的除外);二是生态与环境用水量必须满足天然生态和环境保护的基本要求,以维护生态系统结构的稳定。

## (二)水资源优化配置的原则

水资源配置是一个复杂的系统工程,涉及不同层次、不同用户、不同决策者、不同目标的不确定性问题,水资源配置的基本原则应基于这一特征。根据水资源配置的目标,水资源配置应当遵循资源高效性、公平性和可持续性原则。

### 1.资源高效性原则

水是珍贵的有限资源,资源高效性原则是指水资源的高效利用,取得环境、经济和社会协调发展的最佳综合效益。水资源的高效利用不单纯是指经济上的高效性,它同时包括社会效益和环境效益,是针对能够使经济、社会与环境协调发展的综合利用效益而言的。

### 2.公平性原则

在我国,水资源所有权属于国家,即人人都是水资源的主人,在水资源使用权的分配上人人都有使用水的权利。水资源配置的公平性原则,还体现在社会各阶层间和区域间对水资源的合理分配利用上,并且水资源配置的目标也体现了公平性的原则。它要求不同区域(上下游、左右岸)之间协调发展,以及发展效益或资源利用效益在同一区域内社会各阶层中公平分配。例如家庭生活用水的公平分配是对所有家庭而言的,无论其是否有购水能力,都有使用水的基本权利;也可以依据收入水平采用不同的水价结构进行分配。

### 3.可持续性原则

水资源可持续发展是指使水资源永续地利用下去,可持续性原则也可以理解为代际间水资源分配的公平性原则。对它的开发利用要有一定限度,必须保持在它的承受能力之内,以维持自然生态系统的更新能力和可持续利用。它研究一定时期内全社会消耗的资源总量与后代能获得的资源量相比的合理性,反映水资源在度过其开发利用阶段、保护管理阶段和管理阶段后,步入的可持续利用阶段中最基本的原则。水资源优化配置作为水资源可持续理论在水资源领域的具体体现,应该重视人口、资源、生态环境以及社会经济的协调发展，以实现资源的充分、合理利用，保证生态环境的良性循环，促进社会的持续健康发展。

# 第二节 水文分区的方法

## 一、灌区水文分区

利用系统理论与方法，以灌区经济效益最大或供水量之和最大为目标函数，以作物种植面积或各用水量为决策变量，建立多水源联合优化调配模型。由于灌区主要向农业供水，水源和用水结构相对简单，影响和制约因素相对较少，如何实现灌区有限水资源量的最大效益，成为广大学者较早涉足的研究领域之一。

## 二、区域水文分区

区域水资源优化配置是以行政区或经济区为研究对象。区域是经济社会活动中相对独立的基本管理单位，其经济社会发展具有明显的区域特征。随着经济社会的快速发展，以及多目标和大系统优化管理的日渐成熟，区域水资源优化配置研究成为水资源学科研究的热点之一。由于区域水资源系统结构复杂，影响因素众多，各部门的用水矛盾突出，研究成果多以目标和大系统优化技术为主要研究手段，在可供水量和需水量确定的条件下，建立区域有限的水资源量在各分区和用水部门间的优化配置模型，求解模型得到水量优化配置方案。提出区域水资源优化分配问题，建立了大系统序列优化模型，采用大系统分解协调技术求解，以河南豫西地区为背景建立了区域可供水资源年优化分配的大系统逐级优化模型。以经济区社会经济效果最大为目标，建立了经济区水资源优化分配的大系统多目标模型及其二阶分解协调模型，并用层次分析法间接考虑水资源配置的生态环境效果，以三门峡市为例对模型和方法进行了验证，得到了不同水平、不同保证率情况下的水资源最优化分配方案。将宏观经济、系统方法与区域水资源规划实践相结合，形成了基于宏观经济的水资源优化配置理论，并在这一理论指导下，提出了区域水资源配置的多目标宏观决策分析方法，采用模拟优化技术建模，在优化目标中考虑了环境目标（BOD 排放量最小），实现了水资源配置与区域经济系统的有机结合，体现了水质水量统一配置的思想，也是水资源优化配置研究思路上的一个突破。北方缺水城市—枣庄，在水库、地下水、回用水、外调水等复杂水源下的优化供水模型，从社会、经济、生态综合效益考虑，建立了水资源量优化配置模型。中国水利水电科学研究院等单位联合完成的"九五"国家重点科技攻关项目——"西北地区水资源合理开发利用与生态环境保护研究"，建立了干旱区生态环境需水量计算方法，提出了与区域发展模式及生态环境保护准则相适用的生态环境需水量，在此基础上，提出了针对西北地区生态脆弱地区的水资源配置方案。

## 三、流域水文分区

流域水资源优化配置是针对某一特定流域范围内的多种水资源优化分配问题。流域是具有层次结构和整体功能的复合系统，由社会经济系统、生态环境系统、水资源系统构成，流域系统是最能体现水资源综合特性和功能的独立单元。国内在流域水资源优化配置方面也取得了可喜的成果，与区域水资源优化配置研究具有近似的特征。应用多目标优化的思想，建立了黄河流域水资源多目标分析模型，提出了大系统多目标优化的求解方法。由黄委会勘测规划设计研究院主持的"黄河流域水资源合理分配和优化调度研究"成果中，开发由数据库、模拟模型、优化模型等组成的决策支持系统，并初步研究了黄河干流多库水量联合调度模型。针对近年来黄河下游连年缺水、断流等现象，研究了黄河下游水资源量的优化分配问题。徐慧等为使大型水库群在大范围暴雨洪水期间综合效益达到最优，采用动态规划模型求解淮河流域大型水库群的水量联合优化调度问题。以大系统分解协调理论作为技术支持，运用逐步宽容约束法及递阶分析法，建立了东江流域水资源优化调配的实用模型和方法，并对该流域特枯年水资源量进行优化配置和供需平衡分析。

## 四、跨流域水文分区

跨流域水资源优化配置是以两个以上的流域为研究对象，其系统结构和影响因素间的相互制约关系较区域和流域更为复杂，仅用数学规划技术难以描述系统的特征。因此，仿真性能强的模拟技术和多种技术结合成为跨流域水资源量优化配置研究的主要技术手段。针对南水北调东线这一多目标、多用途、多用户、多供水优先次序、串并混联的大型跨流域调水工程的水运优化调配，以系统弃水量最小为目标，建立了自优化模拟决策模型，采用动态规划法进行求解。以跨流域水资源系统的供水量最大为目标，将模拟技术和数学规划方法相结合，建立了具有自优化功能的流域水资源系统模拟规划模型，并以大通河和湟水流域为例对模型进行了验证，提出了跨流域调水工程的规模。同年，卢华友等以跨流域水资源系统中各子系统的供水量和蓄水量最大、污水量和弃水量最小为目标，建立了基于多维动态规划和模拟技术相结合的大系统分解协调实时调度模型，采用动态规划法进行求解，并以南水北调中线工程为背景进行了实例验算。该成果考虑了污水量最小目标，是水资源优化配置研究的一大进步。

## 五、水文分区优化配置技术方法

流域水资源优化配置是以江河流域为对象的优化配置。围绕水资源最优利用问题，对黄河流域水资源配置原则，农业水资源在地区之间、作物之间以及作物不同发育阶段之间的合理配置进行了分析、探讨。唐德善应用多目标规划的思想，建立了黄河流域水资源多目标分析模型，提出了大系统多目标规划的求解方法。对黄河干流水库联合调度建立了模拟优化模型，考虑到模型特点及求解困难，提出了基于等处理试算，考虑库群补偿调节的人机对话算法，以实现对复杂水库群系统的模拟仿真，寻求水库联合调度的"满意策略"。吴泽宁等以跨流域水资源系统的供水量最大为目标，将模拟技术和数学规划方法相结合，建立了具有自优化功能的流域水资源系统模拟规划模型，并以大通河和湟水流域为例对模型进行了应用研究。赵惠、武宝志以宏观经济发展为出发点，在水资源短缺的情况下，进行辽河流域水资源的优化配置研究，为制定合理的开发利用计划、优化产业结构调整、保证生态平衡及水资源的可持续利用提供了依据。水资源优化配置是涉及社会经济、生态环境以及水资源本身等诸多方面的复杂系统工程，并随着可持续发展战略的开展及水资源的严重短缺，研究者对水资源优化配置研究趋于成熟，并不断地引入新的水资源优化配置理论方法。到目前为止，水资源优化配置模型构建中较为成熟的主要方法有系统动力学方法、多目标规划与决策技术、大系统分解协调理论等。

### （一）系统动力学方法

系统动力学方法是把研究的对象看作具有复杂结构的、随时间变化的动态系统，通过系统分析绘制出表示系统结构和动态特征的系统流图，然后把变量之间的关系定量化，建立系统的结构方程式以便进行模拟实验。水资源系统设计的变量很多，各变量之间关系复杂，并且模拟的过程是动态过程，系统动力学恰恰具备了处理非线性、多变量、信息反馈、时变动态性的能力，基于系统动力学建立的水资源优化配置模型，可以明确地体现水资源系统内部变量间的相互关系，因此系统动力学方法也被许多学者用于水资源优化配置分析。例如，方创琳等将参与柴达木盆地水资源优化配置的总系统分析成人口、水资源、农业、工业及第三产业、环境污染、GDP 共六大子系统，按照系统动力学建模的基本原理形成了柴达木盆地的水资源优化配置基准方案。高彦春等运用系统动力学模型对汉中盆地平坝区水资源系统进行仿真预测分析，并以系统动力学模型为基础，建立了汉中盆地平坝区水资源系统开发的多个方案。张梁采用系统动力学仿真模拟等方法，对甘肃省石羊河流域水资源与环境经济进行了综合规划，提出了解决流域水资源危机的基本途径。系统动力学方法的优点在于能定量地分析各类复杂系统的结构和功能的内在关系，能定量分析系统的各种特性，擅长处理高阶、非线性问题，比较适应宏观的动态趋势研究；其缺点是系统动力学模型的建立受建模者对系统行为动态水平认识的影响，由于参数不好掌握，易导致不合格的结论。

## （二）多目标规划与决策技术

水资源优化配置涉及社会经济、人口、资源、生态环境等多个方面，是典型的多目标优化决策问题。水资源优化配置过程中，任何目标都不可偏离，必须强调目标间的协调发展，于是，多目标优化方法应运而生。多目标优化包括两个方面的内容：其一是目标间的协调处理；其二是多目标优化算法的设计。多目标决策的优点在于它可以同时考虑多个目标，避免为实现某单一目标而忽视其他目标。但是，由于多目标决策涉及决策者偏好问题，不同的利益团体追求不同的目标效果，往往还是相差很大，因而难以得到一个单一的、绝对的最优解。

由于水资源优化配置受复杂的社会、经济、环境及技术因素的影响，在水资源配置过程中就必然会反映决策者个人的价值观和主观愿望。水资源配置多目标决策问题一般不存在绝对最优解，其结果与决策者的主观愿望紧密相连。交互式决策方法能够实现决策者与系统信息的反复交换并充分体现决策者的主观愿望，在多目标决策中得到广泛应用。

## （三）大系统分解协调理论

大系统理论的分解协调法是解决工程大系统全局优化问题的基本方法。根据协调方式的不同，又可分为目标协调法和模型协调法。目标协调法是在协调过程中通过修正子问题的目标函数来获得最优解，模型协调法则是通过修正子问题的最优模型（约束条件）来获得最优解。

# 第三章  水文站网规划

水文站网是在一定地区或流域内，按一定原则，用一定数量的各类水文测站构成的水文资料收集系统。本章主要对水文站网规划进行深入的研究探讨。

## 第一节  水文站网规划理论发展过程及趋势分析

站网规划是水文的顶层设计，用来解决水文工作的线路问题。站网规划不仅涉及水文工作本身各个环节，而且联系政治、经济、社会、生态等问题，是水文学领域中较复杂的一个分支。

### 一、规划历程

中华人民共和国成立以来的水文站网主要是大江大河控制站。中华人民共和国成立后，学习苏联经验，进行第一次水文站网规划。本次规划以防汛及大江大河水量控制为主要目标构建站网体系，开始关注水质和地下水，站网类别包括雨量站网、蒸发站网、水位站网、流量站网、泥沙站网、水化学（水质）站网、地下水站网和实验站网。根据地理信息综合及水文分区理论，又大量增加区域站及小河站。

第二次水文站网规划，在原有站点收集一定资料（10~30年）的基础上，验证和完善站网布局。用水文要素之间相关关系进行区域代表站资料的地理综合分析，获取不同河流的参数，使站网规划在定量上更加科学。对区域代表站和小河站进行汇流计算，来验证水文分区的合理性。分析发现水文站以上雨量站稀少，致使降水、洪水不配套，在资料上反映出有峰无雨和有雨无峰不对应现象，且本次规划内容没有实施。

中国大部分地区进行了第三次水文站网规划。规划背景是水文站受水利工程影响，水账算不清，上下游不平衡；平原区站网不足，有的地区年径流等值线难以勾绘，只能虚线过渡。本次规划受经费紧缺影响，先后采取以大站带小站的方式建设了许多小面积站和洪水调查固定断面。

原水电部发文（水电水文第 1 号文件），要求完成水文站调整和充实工作，江苏、辽宁省进行了试点。全国开始规划，即开始第四次水文站网规划。本次站网规划分析设站目的是否达到、站址是否合适、观测项目是否配套、水账是否清楚，主要成果是在大江大河干流增加水文站。特点是站网规划同日常测站管理结合起来，完成站队结合模式下站网布局。

以上 4 次规划在《中国水文志》《辽宁水文志》中都相互印证。根据《水文年鉴》不同年份站点资料分析，进行了第五次水文站网规划。本次规划主要是删减小河站和区城代表站，根据积累系列资料的统计代表性，分析统计误差，达到设站年限标准的就停止观测。

全国范围内进行了水文危房改造、界河水文站网规划等项目。中小河流水文站网规划为第六次水文站网规划。本次规划主要内容是流域面积为 200~3 000 km² 的中小河流建设水位站或水文站，配套建设雨量站。规划后的各类水文站网数量成倍数增长，站网密度大幅提高。

## 二、规划理论

### （一）理论历程

水文站网规划理论在不同时期因规划目的不同、掌握资料丰富程度不同、制约因素不同而有不同侧重。

1. 直线理论

在第一次水文站网规划阶段，学习苏联经验，规划理论主要是卡拉谢夫法（直线法）。该法主要是确定站网数量（密度）和位置，基本准则是临界最小面积准则、梯度准则和相关准则。

相关资料中对直线法的规定是适用流域面积 3 000 km² 的大河设站，水量增加 15%、输沙量增加 30%、河流入口处等设站；城市密集、产值高、交通枢纽等要地，以洪峰传播时间大于 12 h 的上游建站。卡拉谢夫法没有考虑径流形成的外部影响因素，假设径流深的方差不随地点的不同而异，但实际情况与假设不符。卡瓦连科对此进行了改进，基于径流的随机模型进行站网规划，方便确定代表站面积。

2. 水文分区理论

水文分区理论是第二次、第三次水文站网规划的基础理论。水文分区主要是根据地区或流域的水文特征和自然地理条件划分，在不同水文分区内建设区域代表站，积累区域水文特征参数，以用于资料移用、无资料地区内插。

在站网稀少、水文资料系列短、资料少的情况下，利用地形、地质、土壤、植被等自然地理特征进行水文分区，在分区基础上按河流面积或长度等级规划站点。在站网较多、资料系列较长时，利用地理景观法、等值线图法、产流特征分区法、暴雨洪水参数法、流域模型水文参数法、主成分聚类法、自组织特征映射神经网络法等进行分区建站或优化站网。水文参数主要有流域蒸发参数与流域平均高程，地表水比重参数与流域植被率、枯季径流过程参数与地质指标、洪水过程计算参数与流域几何特征值等。

3. 站网密度优化理论

第四次、第五次水文站网规划理论基础是站网密度优化理论。主要有两个阶段：一是站网数量、布置与监测模式之间进行优化，主要目的是确定站队结合巡测模式。优化原则是在确保一定误差要求下的最少测验测次。二是站网数量优化，减少部分区域代表站和固定巡测断面。优化原则是水文系列资料的统计误差符合要求，即满足设站年限。

4. 功能配套理论

第五次水文站网规划主要为中小河流防汛提供水文信息服务，规划理论主要是以防汛需求为主导，进行雨水情预报所需水文信息收集系统的配套。规划中以中小河流新规划水文站为节点，进行水位站补充和流域雨量站配套；同时中小河流水文站、水位站配套干流控制站，为各级防汛预报服务。功能配套理论的基础是用水文预报模型输入信息的需求验证站网布局。

## （二）元理论

元理论是理论的理论，是理论的核心要素和理论发展的主要推动力。水文规划理论随着站网规划的发展而发展，主要经历直线法控制精度阶段、分区代表阶段、站网密度优化阶段和功能配套阶段。

不同阶段分别是基于经济性的站网数量控制，以误差分析理论为主；基于代表性的站网位置布设，以水文分区和水文参数特征值计算理论为主；基于功能完整性的站网配套，以水文模型输入参数设置理论为主。

综上，规划理论的元理论具有经济性、代表性和功能完整性。

# 三、理论展望

水文站网规划理论的发展，将以站网密度的倍数增加克服经济性和代表性制约，在功能完整性理论基础上，发展出多目标优化理论。水文站网规划多目标优化以信息熵、水循环机理、各类水文模型等为手段，进行需求优化、结构优化、功能优化、动态优化等。

## （一）需求优化

社会对水文站网目标与功能的需求随着社会经济的发展不断拓展。水文站网最基本的目标是收集水文水资源信息，满足水资源计算、评价，开发和保护；重点是满足防汛抗旱雨水情信息及预测预报；技术服务是满足工程设计所有水文基础资料。

最严格水资源管理制度及水资源管理"三条红线"考核制度执行以来，水文站网监控能力需要满足更高精度的测验，确保取、用、排水的准确、合理监测；准确评价水功能区及省界断面的水质、水量。

生态文明社会建设，水文监测需要拓展涉水生态监测。社会的不同内容需求与精度需求对站网密度、位置、监测项目、监测精度、监测方式、资料整编等都有所不同。需求优化是以最小站网密度和实现所有需求为目标，进行站网规划和单站测验业务规划。

## （二）结构优化

站网结构指不同类别站网、监测项目、观测年限和观测精度的水文站之间有机结合。目前水文站网结构包括雨量站网、蒸发站网、水位站网、流量站网、泥沙站网、水质站网、地下水站网、生态站网、实验站网等。结构优化目标是确定各类站网的最优数量与结构，满足水文监测参数值在时空上的统一，能根据水文基本原理进行数据合理性检验和参数之间规律分析。

## （三）功能优化

中小河流站网规划防汛功能配套理论是功能优化的先例，是基于单一防汛功能的优化。功能优化要经历两个阶段：一是单一功能配套，水文站网需求多样、目标多样，针对不同目标进行功能配套，如防汛功能配套、"三条红线"达标监控配套、水资源量计算配套等；二是多功能优化，随着水文站网密度的倍数增长、水文遥测数据的实时化，水文资料系列的逐年增加，水文数据必然成为大数据。如何在海量数据中寻找不同水文要素的相关关系并加以利用，是水文站网功能优化核心任务。功能优化的理论是以水文循环机理和各类水文模型计算为基础的。

### （四）动态优化

水文站网在一定时期内相对稳定，对周围环境的改变多是被动应对。测站受涉水工程的影响分为3级，即月、年径流量、输沙量、水位涨落率、水位流量关系等水文特性发生的改变小于10%为轻微影响，在10%~50%时为中度影响，大于50%为严重影响。轻微影响应保留测站，中度影响要进行辅助观测，严重影响要设法调整。随着水文监测设备的遥测化水平的提高，水文站网对水利工程建设、取水口设置、排污口设置等影响需主动出击，以动态优化站网为工程服务。原来的"工程带水文"模式需要改进为"水文动态服务工程模式"，提前建立初始背景值、建设期、运行期等动态站网优化，实时提供水文信息。动态优化需要评估工程对整个站网的影响范围及调整办法，理论基础是水文循环模型、水力模型、生态模型等。

水文规划理论随着站网规划的发展而发展，主要经历直线法控制精度阶段、分区代表阶段、站网密度优化阶段和功能配套阶段。规划元理论是经济性、代表性和功能完整性。

站网密度成倍数增加，克服经济性和代表性制约，在功能完整性理论基础上，预测发展多目标优化规划理论。水文站网规划将进行需求优化、结构优化、功能优化、动态优化等。

# 第二节　水文站网管理系统规划

## 一、引言

### （一）背景及意义

随着科学技术的快速发展，许多高新技术被运用到各行各业当中，信息共享在我们的日常生活中已经变得越来越重要。比如说，水文与水资源监测，除了要向水利相关监管部门提供所需的水文与水资源信息外，还要向诸如航空、铁路等企事业单位提供有关水文等情况的共享服务。在这些监测、预报的绝大多数服务中，信息数据的实时采集与实时传输就成为我们需要特别认真地去解决的问题。因此，采用现代化的信息技术手段，有效地对水文站网进行科学的管理，动态掌握区域的水文变化及使用情况等，提高调控效率。

水文站网，是指在给定的一个地域，以一定的规范原则，采用适当的水文测站，按一定的方式构成的水文信息资源采集系统。采用传统的信息处理、传输、存储等，已经不能适应现代水文站网信息管理的根本要求。运用计算机技术、数据库管理技术、网络通信技术、传感技术，对水文站网的信息进行科学的管理，可以有效地提高信息传输速度，提高共享的范围。

水文测站是用来收集和提供特定地点的水文信息的工作单元。多个测站组成的站网是一个相互关联的系统。目前，仍有少数的水文信息监测站的数据，可能还要依靠人工的方式来观测收集，水文信息数据的传输也可能仍然需要依靠人工上报等传统的通信方式完成。在某些测站，虽然有水文自动测报配置，但其智能化程度仍然较低，其稳定性也比较差，并且测报精度也相对较低。在某些条件恶劣的偏远山区，监测站也还没有完全实现无人值守。所以，目前的水文信息测的报名方式和设施，可能还不能满足现代水文信息资源管理工作的要求。对水文信息资源的有效管理和可靠调度，具有非常重要的现实意义。

主要体现在以下几个方面：

1. 水文站网的有效规划与建设，可以实现水文站网实时数据的采集、分析、处理、检索、查询与统计，同时可进行远程更新维护，满足水文站网的信息化要求，为高层决策者提供了更有效的水文信息服务；

2. 水文站网的规划与建设，可以更好地满足水文站网的日常管理维护工作的需求，同时促进当前水文站网的改进优化，从而可实现水文站网整体功能的全面发挥，更好地满足新形势下的经济社会发展的要求。

3. 构建水文站网一体化综合管理系统，可以更加有效地解决水文信息资源共享问题，提高水文信息化管理的效率。

## （二）国内外现状

### 1. 国外现状

随着各项高技术的不断发展，水文自动化技术有了快速的创新与进步。美国某公司和美国气象局相互合作，联合研制出水文自动化产品。遥测技术取得了较快的发展、数据传输的方式层出不穷。传输的可靠性不断提高、微电子技术的快速发展，促进了水文自动化技术在全球范围的广泛应用。各种水文自动化产品在水文信息化管理中得到了广泛应用。美国、日本等发达国家，很早就已经建设了先进的水文信息管理系统，可以对全国范围的水文信息数据等进行实时采集，实时传输，实时处理，利用专家系统对信息数据的相关信息进行自动分析，为水文信息管理提供有效的决策的依据。

### 2.国内现状

国内水文站网管理信息化的发展速度也在加快，全国各地都在全面推进水文站网信息化。

在中国，很早就已经有水位观测、雨量观测的先例。在清代的末期，就已经在连续观测与记录水位、观测与记录雨量，并进行流量观测分析。但当时的水文测站缺乏统一的规划，水文站点的设置也不十分合理，使用的设备也相对简陋，记录的数据也不全面。

## （三）研究方法

水文测站可以按性质分为基本站与专用站。基本站的主要任务是采集实时水文信息资料，研究基本的水文规律，以满足水文科学研究的需求。基本站的主要特点是规划统一、测验规范、站点稳定。

专用站是为某一特殊需要而设立的水文站。例如为灌溉引水量的测量而设立的渠首水文站；为工程设计和收集资料在建设地点而设立的临时水位站、水文站；为观测分洪、蓄洪区蓄水量变化过程而设立的临时水位站等。一旦相关任务完成后，该站即可撤销。专用站对基本站起补充作用，它不具备或不完全具备基本站的特点。此外，为了深入研究某种水文现象，探讨一些特殊问题，还设立实验站，如径流实验站、湖泊实验站、河床实验站、水文测验方法实验站等。

站网密度分析：由于地形、气候和存在的水文问题的多样性，以及对水文资料要求的差异性，加之水文站网设计和发展，不仅要考虑一个地区的地理和气候条件，还要综合考虑政治、经济、文化等诸多因素，而这些因素是变动的，甚至在短时期内也可能发生显著的变化。因此，迄今为止，尚难以统一站网密度设计标准。但是根据各种水文站网发展的实际和经验，可以提出站网设计的一般性指导意见，这就是世界气象组织（以下简称 WMO）提出的容许最稀站网的水文测站密度的概念。容许最稀站网是一个与国家整体发展水平基本相称，并能够在水资源开发和管理上避免发生严重缺陷的站网。这样一个站网为今后满足特定的社会需求而进行站网扩充提供了基本骨架。随着经济的发展，水文站网应该在容许最稀站网基础上不断发展，其演变反映了适应社会对水文资料不断提出新的需求的动态过程。换句话说，由于社会对水文资料需求的复杂性，很难事先科学、准确地给出一个与社会经济发展各阶段相适应的站网密度的预测（两者的关系可以在水文站网发展的渐进过程中不断调适），但是根据 WMO 对各国平均情况推荐的最稀站网密度，可以大致评价一个国家的水文站网基本应达到的下限密度。需要指出的是，这个最稀站网密度是 WMO 在 20 世纪七八十年代根据当时各国情况提出的，随着经济社会和水文站网的发展，应将最新情况反映进去。

各类水文测站的布设是否科学，关系到水文资料的总体质量，为使水文站网布设经济合理，必须按照一定原则，进行站网规划。

# 二、水文站网现状分析

## （一）A 市自然地理概况

A 市地处赣江、抚河的下游，临近我国第一大淡水湖西南岸，全市整体地势平坦，但湖泊密布，全市的平原面积 2 651.79 km²，占全市总面积的 35.8%；全市的水系面积 2 146.04 km²，占全市总面积的 29.0%；全市西北面大多以岗地丘陵为主，其山地面积约 87.21 km²，占全市总面积的 1.2%，其丘陵面积约 879.62 km²，占全市总面积的 11.9%，岗地面积约 1 637.7 km²，占全市总面积的 22.1%。

A 市地处在北半球亚热带之内，易受到东亚季风的影响，具有亚热带季风的气候特征。市内热量相当丰富、雨水非常充沛，光照十分充足，并且作物的生长旺盛时期的季雨热匹配相对较好，对农业生产具有非常有利的气象条件，向来享有鱼米之乡的美誉。但是，每年的季风强弱与进退变化较大，气温变化复杂，降水量分布不均，常发生高温干旱，出现低温冷害，面临暴雨洪涝的气象灾害条件，给人们的生产与生活带来了不小的影响。该市的气候温和，年平均温度在 17.1~17.8℃之间，但气温变幅较大，盛夏时期的极端最高气温 40℃以上，而在隆冬时期的极端最低气温常常用低于 -10℃。该市的雨水非常充沛，年平均降雨量达 1 567.7~1 654.7 mm，但降水分布并不均匀，在汛期的 4—6 月份，雨量大约占到全年的降水量的一半，并且不同年份的降水量的差异很大，最大时达到 2 倍以上，雨量最多的时期 1954 年达到 2 356 mm，雨量最少的时期 1963 年却仅有 1 046 mm。

## （二）水文站现状

A 市现有水文站 13 个，它们分别是：外洲水文站、李家渡水文站、万家埠水文站 3 个国家重要水文站，岗前水文站 1 个水文区域代表站，中小河流水文站 7 个、李家渡辅助水文站 2 个。

### 1. 外洲水文站

位于 A 市南郊，流域控制面积 80 948 km²，是全国重要水文站，是该省第一大河赣江的控制站。该站测报项目包括水位、流量、含沙量、降水量、水温、岸温、水化、泥沙颗粒分析、蒸发等项目。

观测项目有水位、流量、含沙量、降水量、蒸发量、水温、岸温、风向、风力、水化和泥沙颗粒分析，向中央、长江委、省防办拍发雨情、水情情报。能承担水文调查、勘测、水文水利分析计算、河道地形测量及水情预报服务等工作。对外可承接地形、地籍、河道、水库等测绘工作，以及公路、桥梁、隧道、结构物、房建等施工放样业务。测绘仪器有：转子式流速仪、ADCP、全站仪、GPS、经纬仪、水准仪、红外测深仪等。

### 2. 李家渡水文站

李家渡水文站是抚河流域的控制站，位于抚河下游进贤县的李家渡镇，该站以上主河长 276 km，流域面积为 15 811 km²，占整个抚河流域面积的 94.1%。流域内对李家渡站洪水预报影响较为明显的水利工程有洪门水库、廖坊水库。

李家渡水文站位于进贤县李家渡镇，地理坐标为东经 116° 10′，北纬 28° 13′，1952 年 8 月设为李家渡水位站，观测水位。李家渡水文站集水面积 15 811 km²，是抚河的主要控制站，观测项目有水位、流量、含沙量、降水量、蒸发、风向、风力、泥沙颗粒分析及水质监测，向中央、长江委、省防办拍发雨情、水情情报。能承担水文调查、勘测、水文水利计算分析、河道地形测量及水情预报服务。

### 3. 万家埠水文站

万家埠水文站集水面积 3 548 km²，距河口距离 33 km，修水水系潦水的主要控制站，观测项目有水位、流量、含沙量、降水量、蒸发、水温、岸温、风向、风力、水化，向中央、长江委、省防办拍发雨情、水情情报。能承担水文调查、勘测、水文水利计算分析、河道地形测量及水情预报服务。

### 4. 岗前水文站

岗前水文站位于广福镇吴石村，地理坐标为东经 115° 58′，北纬 28° 21′，属国家二类水文站。岗前水文站集水面积 2 313 km²，是清丰水的主要控制站，观测项目有流量、降水量、水位。

## （三）存在的问题

A 市水文站网建设过程中，存在部分区域站网的设置密度仍然有些偏低、整体布局略欠合理等问题。

1. 站网整体布局存在不合理之处，还有少量水文站网仍无法满足以行政区域为单位的水文信息资源管理的需要。A 市经过多次站网的规划设计制定和实施，已基本建成功能相对比较齐全的水文站网，可以满足水文信息资源情报预报与分析计算研究和水利工程建设等国民经济建设的需要。随着水文信息资源管理、水环境保护的要求不断提高，该市水文站网还需要不断完善和发展。

目前水文站网的规划建设，多以河流、水系为基本单位，对以行政区域为基本单位的水文信息资源的开发利用等方面考虑不足。

2.部分站点的配套不够齐全，还不能充分发挥单个水文站的综合功能。部分站点的配套不齐全，在防汛抗旱、水文信息资源管理、水文信息资料收集、水土保持、生态监测以及工程应用等方面，仍需综合考虑。

3.传统的方式已不能满足需要，水文信息化建设水平较低。目前 A 市水文站网管理已采用现代信息化技术，基本的站网管理功能已经实现，但仍有许多方面需要改进。

第一，水文站密度偏低，且分布不均匀，水质监测能力薄弱，观测项目偏少。

第二，水文基础设施建设标准低、水文测报设施设备陈旧老化、监测手段落后、测洪能力低下等问题，影响了水文预测预报在中小河流防汛减灾中的作用。

第三，水文站网结构不合理，水文雨量测站基本能满足要求，但地下水、水质采样点等观测项目偏少，雨量站点在空间上分布也不合理，各个区镇站点相差较大，水质监测站分布也不尽合理。现在的水质采样点大多设在已经污染的水流或重要的水源，只能用于监测污染现状。

第四，观测站、巡测基地测验设备还非常落后，严重缺乏较为先进的流量测验仪器设备，监测方式落后，自动化程度低，对辖区内所发生的特殊水情、突发水事件，以及急需开展的水资源调查的水量应急监测能力不足，很难满足当前水资源监测机动性、强监测效率高等方面的要求。水文巡测基地设施设备不足，存在着生产业务用房不足、巡测设施设备不全等问题，严重影响巡测工作的正常开展。

第五，水文站网信息不准确，难以进行准确统计。

# 三、水文站网规划

## （一）规划目标

### 1.总体目标

根据信息社会发展的需求，实现防洪抗旱、河流治理、水文信息资源管理与保护，规划出整体功能强的水文站网结构，要求测站点数目经济合理，测站位置设置合理，逐步向"最优站网"演进。

### 2.具体目标

在现有单一类型的水文站网的基础上，综合考虑各种不同水文站网之间的相互关系，进行关联、协调、配套，形成区域内功能齐全的综合性水文站网体系，全面发挥水文站网的整体功能。

（1）水文站

紧密结合当前信息社会的实时性服务需求，完善补充主要河流的重要河流段、重点防洪地区、重要的城镇乡村、重点水文功能区、重点水资源保护区、重点水土流失区的水文测站。根据河流的区域规律性布设区域代表站。

（2）水位站

在河道水文站布设水位观测，对无水文站的水域适当增设水位站；在现有水位站的基础上，完善补充中小河流水位站网。

（3）水质站

掌握地表水、地下水、水源地等的水质动态，采集和分析水资源质量。

（4）雨量站

分析雨量和暴雨特征值，控制暴雨的时空变化，获得面分布和面平均降水量。

（5）泥沙站网

完善和细化产沙模数图或侵蚀分布图。为河道治理等布置泥沙站，提供实时的观测数据。

（6）水面蒸发站

计算区域蒸发；研究地区水面蒸发规律。

（7）地下水站

对地下水进行动态的有效监测，提供及时、准确、全面、有效的地下水动态信息。

（8）墒情站

在重点区域建设墒情监测站，采集土壤墒情信息，满足抗旱减灾决策、水利建设规划、水资源科学管理等需要。

（9）实验站建设

建设研究水文基础理论、水体水文规律以及人类活动对环境和生态影响的实验站点。

3.规划原则

统筹兼顾、因地制宜、突出重点。根据水文站网的结构，发挥站网的总体功能。

（1）整体布局。

统一规划布设的各个测站、各个项目测点是一个有机联系的网。根据其所提供的资料，用相关、内插和移用等方法，能解决站网覆盖区域中所有地点的水文问题。水文数学模型把水文循环的某些过程纳入逻辑运算系统，全面考察水文要素的变化和相互联系。这种方法已越来越多地应用到站网规划中来。

（2）前瞻性

充分考虑水文事业是需要超前发展的基础性行业，而水文站网又是水文事业发展的基础，适度加快发展速度，最大限度地满足规划期内全省经济社会发展对水文的要求。

（3）统筹兼顾、全面规划

规划中不仅要考虑水文监测及水资源管理的要求，也要结合当地自然地理实际，做好统筹兼顾、贴近实际；做好干支流、上下游、城市与乡村、流域与区域的协调关系以及各类站点协调发展，在水文站网普查与功能评价的基础上进行调查分析，全面规划水文站网、水位站网、泥沙站网、降水量站网、蒸发站网、地下水站网、水质站网、墒情站网及实验站。

（4）合理密度。站网越密则内插精度越高，但代价也越大。合理密度同在地区上变化的急剧程度、国民经济的发展水平、设站的自然条件和费用等因素有关。

4.规划范围及水平年

（1）规划范围

本次水文站网规划范围为A市全部区域。

（2）规划水平年

根据省水利部门规划要求，结合A市现有水文基础资料的情况。

## （二）站网规划

站网建设管理的主要内容包括水文站、辅助站、实验站、专用站、水位站、雨量站、蒸发站、地下水观测井、水质站等各类测站分中心、巡测队、水文数据中心、水环境中心、水情分中心等各级水文机构的测验基础设施、测验渡河设施、断面控制及测点定位设施、平面控制和高程控制设施、各类水文信息采集设备、水质监测分析仪器、野外测验仪器及设备、实验室仪器及设备、通信设备、测验生产、生活、办公设施及附属设施、测验项目、测验方式、测洪方案、特征值资料、经费、人员、运行、站网规划、布局、建设等各方面内容。

规划后包括水文、水位、雨量、蒸发、墒情、风暴潮、地下水、水质、水质动态实验室、水文实验等各类监测站。

1.水文站规划

规划新建、改建、撤销、调整水位站71处。

## 2. 水位站规划

水位站网的规划，应考虑防汛抗旱、分洪滞洪、引水排水、河道航运、木材浮运、潮位观测、水工程或交通运输工程的管理运用等方面的需要，确定布站数量及位置，一般在现有流量站网中的水位观测的基础上选定。

## 3. 水质站规划

水质监测站分为基本站、辅助站和专用站。基本站必须长期监测水系的水质变化动态，收集和积累水质基本资料。辅助站应配合基本站，进一步掌握水质污染状况。专用站是为某种专门用途而设立的。

## 4. 雨量站规划

雨量站分为面雨量站和配套雨量站。面雨量站，应能控制月年降水量和暴雨特征值在大范围内的分布规律，要求长期稳定。配套雨量站，应与小河站及区域代表站进行同步的配套观测，控制暴雨的时空变化，求得足够精度的面平均雨量值，以探索降水量与径流之间的转化规律，与面雨量站相比，要求有较高的布站密度，并配备自记仪器，详细记载降雨过程。

# 四、水文站网管理系统规划

## （一）系统总体规划

A市水文站网的总体规划原则是：整体规划、找准瓶颈、以点带面、分步解决。系统建设遵循"总体规划，分步实施"的原则，强调三分技术、七分管理的指导思想，总体目标是：基于公司信息化建设现状，从管理模式出发，理顺水务管理信息系统的生产组织机制的关系，明确岗位设置，强化授权管理、闭环管理等手段，现代技术手段和新型管理思想相结合。

### 1. 规划原则

遵循国家与行业主管部门的相关规范规程。

设计的技术方案起点要高，系统充分吸收国内外成熟的经验和以往的研究成果，尽量采用国内外先进的设计思想、应用技术，方法、软硬件设备，并要考虑这些技术、方法和软硬件的发展趋势，以保证系统的先进性和具有较长的运行周期。

### 2. 实用性

奎屯水库洪水预报调度系统主要是为奎屯水库防洪调度决策提供支撑的量化系统。系统设计紧密结合农七师水利局和奎屯河流域管理处及奎屯水库的防洪特点和实际要求，充分考虑系统的实用性和可操作性，做到界面清晰、操作简便。

3. 安全可靠性

奎屯水库洪水预报调度系统本身虽不涉及水情遥测系统中的测站，但由于流域内大部分测站位于山区，数据的安全可靠性尤为重要。因此，在设计中应充分考虑系统的安全性和可靠性，以保证系统的正常运行。

4. 实时性

在抗洪抢险中，时间就是生命。为了及时地掌握信息，供有关领导和上级主管部门做出正确的决策，尽可能地减少洪灾造成的损失，在设计中从获取信息、信息处理和做出预报都要强调实时性。

5. 通用性

选用符合国际标准的产品，以保证所建系统具有较长的运行周期和扩展接口，满足将来系统升级的要求。系统各功能应结构化、模块化、标准化，具有良好的容错和自诊能力。

## （二）站网管理系统规划

### 1. 信息采集与传输系统

信息采集与传输系统是整个系统建设的基础。系统建设应充分利用现代科学技术成果，以实现信息自动采集传输为目标，安装或改造信息采集与传输基础设施设备，采用信息数据自动采集、人工采集与外部收集相结合的方式，逐步提高信息采集、传输、处理的自动化水平，扩大信息采集的范围，提高信息采集的精度和传输的时效性，形成较为完善的信息采集体系。

现有水文站网数据传输主要以短波无线电对讲机或人工电话传输。现有站网数据传输方式不适应自动测报系统的数据传输通信要求，应在水文测站与水文局之间建立适应自动测报系统的数据传输通信网。数据传输通信网的设备与参数，可在水利部门的防洪报汛信息网或水文部门的自动测报网规划的设备与参数中选定。水文局可作为州防洪报汛信息中心的分中心，并辐射至各地表、地下水水质监测站点，实现实时水情的可视化监控。

### 2. 在线监测系统

水资源管理监测。根据水资源配置，水权分配与监督管理，水体的水文特征，水质特征，污染源分布状况和国家有关标准规范进行水资源监测站网布设，重点考虑行政区界水功能区、供水水源地、入江排污口、水生态脆弱区的站网布局地下水监测。根据地下水的功能特点和水资源合理配置的需要，针对地下水开发利用和保护管理过程中存在的问题，提出分区分类地下水保护与利用的方案和措施，设计地下水管理的制度框架。

江、河流水文监测。充实完善水文站、水位站、雨量站等监测站点，建成全覆盖的江、河流的水文监测体系。

城市水文监测。城市化加速了区域或局部环境变化，改变了区域下垫面条件，是典型的人类活动影响对区域水文规律改变的过程，城市水文涉及防洪排涝、城市水环境、城市供水、城市给排水、城市规划设计和城市景观等多个方面，因此，在城市水文站网布设方面，要根据城市水文工作的特点，选择不同区域、不同下垫面类型、不同城市规模的代表性区域，布设城市水文站。

水生态监测。随着经济社会的发展和人民生活水平的提高日益重要，在水生态监测站网规划方面，要重点考虑河湖流量管理监测水质（藻类等生物类）监测、绿水监测，加强生态脆弱区、江河水入侵区等特殊类型区的监测，积极推动水文形态监测，加强河流湖泊水文及支持生物质量要素的形态监测和分析等。

旱情监测。受全球气候变暖影响，干旱缺水的问题有加重趋势，防旱、抗旱工作面临严峻挑战。目前，防旱抗旱体系还很不完善，旱情监测系统建设严重滞后，旱情信息十分匮乏，缺少比较规范的旱灾评估体系，无法对旱情发展趋势做出科学分析和预测，旱情站网规划要根据各地的自然地理、水文气象、干旱特点和旱情发展趋势以及抗旱减灾工作需要，以区县为单位，结合实际旱情监测需要和土壤类型及作物分布，进行旱情监测站的布设。

3. 视频监视系统

数字视频监视系统是以数字视频处理技术为核心，综合利用光电传感器、计算机网络、自动控制和人工智能等技术的监控系统。

4. 数据资源管理平台

数据资源管理平台的主要作用是满足海量数据的存储管理要求；通过数据的备份，保证数据的安全性；整合系统资源，避免或减少重复建设，降低数据管理成本；整合数据资源，保证数据的完整性和一致性。

5. 应用支撑平台

应用支撑平台的设计定位，是以应用支撑平台的复杂化换取应用系统的简单实现，各业务应用系统的建设将依赖于应用支撑平台，因此，应用支撑平台是应用系统开发的基础设施，通过支撑平台提供的机制与技术手段，基本打通"信息壁垒"，实现跨系统间数据、流程、界面的集成与共享，解决应用系统间交互操作的问题。

### 6.业务应用系统

业务应用系统的建设是在深入进行水资源管理业务需求分析的基础上，综合运用组件技术、地理信息系统（GIS）等高新技术，与水资源专项业务相结合，构建先进、科学、高效、实用的城市水资源实时监控与管理系统。使用水利部水文局的全国水情综合业务系统，采用实时水情数据库系统软件，对实时接收的报文进行入库处理。分成遥测站、信息传输通道和中心控制站（简称中心站）三部分，主要用于防汛和水利调度。在小流域范围内只需几分钟时间即能完成数据收集和处理，及时提供重点河段、水库的雨情、水情。计算机的使用由单机发展到计算机网络和建立数据库，使任何一个地方的终端都可以调用数据。

## （三）系统业务功能

### 1.站网编辑

（1）属性

对系统数据库属性进行修改。

（2）地图

对已设立或新建站点的地图信息进行修改或增加。

（3）站点信息

对已设置的站点级别、所属水系、属地、所属项目、状态信息、所属的管理部门、建站改点信息的编辑功能。能够对站点名称、站点编号、站点所在地、测站类型、时间进行编辑修改。

### 2.站网查询

（1）综合查询

系统提供对已收录的遥测站点信息的查询功能。能够按照站点名称、站点编号、站点所在地、测站类型、站点级别、所属水系、属地、所属项目、状态信息、所属的管理部门、建站时间等条件,结合电子地图的强大功能,实现遥测站网信息的综合查询、统计、展示等功能。

（2）站网信息查询

系统提供站网信息的统计功能。可以统计基本水文站及各类遥测站,包括水位站、雨量站、水质站、流量站等各类遥测站点的数量及分布情况,为日后遥测站建设的总体宏观把握提供数据支持。

系统提供站网信息的导入导出功能。工作人员可以根据系统站网信息查询的结果,将自己需要的信息以 Word 文档、Excel 表格的形式从系统中导出,也可以通过特定格式的 Excel 机交互支持，实现异构异地环境下，多部门群体协商的有效决策。

（3）站网信息打印

系统支持站网信息的打印功能。工作人员可通过外接打印机，对查询结果直接打印输出。系统提供站网图片上传的功能。当有遥测站点进行新建或者改造时，需要对 GIS 平台上的相关照片进行添加或者更新，管理人员可以通过站外图片上传的功能，将图片上传到系统中，实现图片的更新，并能在 GIS 平台上将新的图片直观地展现出来。

3. 站网维护

（1）站网信息维护

系统提供遥测站设备信息、周围环境信息、所属管理部门、现有设备的检定时间、设备总体安装时间等站网基础信息，并对这些信息进行数据的录入、修改、注销。另外，系统对数据修改人员的权限进行严格控制，同时利用数据字段约束机制，确保数据修改时不产生人为的错误。

（2）遥测站运行维护管理

系统提供水文站点信息的查询、统计、维护、发布功能。信息的主要内容包括：测站名称、测站编码、测站所在地、测站类型、状态信息、检定数据、站点设备信息、所属的管理部门、设备的检定时间、设备安装时间，并能以报表的形式展示。

遥测站管理系统的业务应用将依托 GIS 平台，采用图形的展示方式，使信息的表达方式更加直观，效率更高，为用户提供易于操作、易于使用、内容展现丰富的站网信息服务系统。

系统的响应及运行速度快，能够满足站网维护、站网查询、统计等日常工作要求。遥测站管理系统主要由设备运行监控、维护维修信息管理、设备检定标校信息管理三部分组成。

（3）设备运行监控

设备运行监控系统对设备的运行情况进行监控，并在设备出现异常时报警，实时掌握设备的运行情况，保证遥测站有一个更快、更稳定的运行环境。

4. 水文站的调查研究

对 A 市水文站网进行调查研究，分析了水文站网的现状及存在的有关问题，对该市的水文站网结构、站点进行了规划调整，对水文站网管理进行了分析研究，给出了合理可行的水文站网管理信息系统规划方案。

水文站管理系统的建设，可以基本建成布局合理的城市水文站网体系，全面了解全市排涝河道水位、流量及易涝积水深度。在对雨量站网进行规划时，确保雨量站的密度达到要求，并均匀分布，为城市防洪排涝等方面提供决策依据。水质站管理系统的建设，可以掌握全市饮用水源的水质情况，对取水水源的水质水量进行预警监测，为城市安全供水提供支撑。建立水文信息服务网络体系，充分发挥水文信息的效益，为地方经济和社会发展服务。实现 A 市城市水文信息的"采集自动化、传输网络化、存储数字化"和城市水文管理业务的"管理现代化、决策科学化、政务公开化"。

本规划的实施将有利于提高水文水资源监测能力，对于促进水文站网建设、完善水文站网体系具有一定的意义。

水利部门是代表国家对水资源实行统一管理的部门，担负着为国民经济可持续发展和人民生活水平提高保证水资源供给的重要任务。不但要保证水量，还要保证水质特别是面对本省水资源短缺、水污染严重的现状，任重而道远。

# 第三节　基于 GIS 的水文站网三维可视化信息平台开发及应用

## 一、水文站网三维可视化理论基础及关键技术

对水文站网中存在的问题进行分析，提出建立基于 GIS 的水文站网三维可视化信息平台，平台的开发涉及很多相关的理论和技术，首先介绍水文站网的含义及特性，然后对三维 GIS 理论做简要概述，重点阐述和综合对比平台开发过程中所用到的理论和技术，为平台的设计与开发提供坚实的理论指导和技术支撑。

### （一）三维 GIS 基础理论

1. 三维 GIS 的定义和特点

不同于二维 GIS 中关于平面目标的定义，三维 GIS 是在二维 GIS 的基础上发展而来的利用 $x$、$y$、$z$ 坐标轴对空间对象间的平面和垂向关系进行更加完整的表达和描述的系统。三维 GIS 中三个空间坐标都参与数据的显示和应用分析，可以在更加真实的三维地理背景下进行显示更新、查询统计、空间分析等操作。

与二维 GIS 相比三维 GIS 的功能更加强大，在可视化表达方面也更加复杂和逼真，出现了很多相关的三维可视化理论、算法和系统。三维 GIS 具有以下三个显著特点：

直观性。三维 GIS 将现实世界以更加直观和真实的方式表达，它将一个真实的地

理空间现象以三维可视化的方式展示给观察者，不但可以清晰地表达空间对象在平面间的位置关系，还可以准确地表达与展示空间对象在垂向空间的位置关系。

庞大的数据量。三维 GIS 的应用经常伴随着海量数据的处理，这要求三维 GIS 能够有效地对数据进行高性能管理。作为三维 GIS 的核心，三维空间数据库能够安全高效地存储和管理海量的空间数据。

复杂的数据结构。三维 GIS 中有很多新的数据类型出现，如 Multipatch，因此数据结构和空间关系也变得较为复杂，可以对空间对象进行三维建模和三维空间分析等操作。

2. 三维 GIS 的功能

三维 GIS 在二维 GIS 的基础上扩展而来，因此不但具有输入显示、数据存储、查询检索和空间分析等二维 GIS 传统功能，还具备三维 GIS 特有功能。

（1）包容一、二维对象

一维、二维对象在二维、三维空间中的表达不同，三维 GIS 要能够同时表达一维、二维和三维对象，将一、二维对象放入三维空间。它们之间的相互位置关系等信息将被保存，在三维空间中可以更加直观立体地展示不同维度下的空间对象。

（2）可视化空间对象

二维 GIS 仅能表达空间数据的平面位置关系而且能够表达垂向关系，可视化作为三维 GIS 的一个重要的特性可以更好地表达空间数据的第三维特征，将空间对象直观立体地展示给我们。

（3）三维空间管理

三维 GIS 空间数据库不但与 CAD、商用数据库等存储和管理数据的方式不同，与二维 GIS 相比也有很大的优势，三维 GIS 对空间数据的存储和管理既可以在关系数据库的基础上扩展也可以使用面向对象的空间数据库系统。

（4）三维空间分析

三维 GIS 空间分析与可视化和三维 CAD 有所不同。三维空间分析类似于二维空间分析，但功能要比二维空间分析更为强大，可以在真实的三维地理环境下对其中的对象进行空间分析等操作。

（5）应能及时吸收和运用数据获取与处理的新技术和新方法

三维 GIS 发展缓慢的原因一方面是因为三维数据获取困难，另一方面是海量数据的处理能力不足，但随着我国航天航空事业发展以及计算机技术的提升，三维数据的获取将更加方便快捷，三维 GIS 的发展将会有一个更加广阔的空间。考虑到这些，三维 GIS 在设计和开发的过程中应该提前预留相应接口，便于后期扩展。

3. 基于 GIS 的水文站网三维可视化信息平台

通过对水文站网的特性分析和三维 GIS 理论的介绍可知，三维 GIS 技术与水文站网的特征相互契合，将三维 GIS 技术引入到水文站网的管理中可以更好地发挥水文站网的作用。由于水文站网中存在大量的空间数据和属性数据，这些数据与地理位置联系紧密，以物理沙盘或纸质的形式存在不利于数据的传输、存储、查询和分析，站网管理人员无法直观快捷地获取相关信息，严重阻碍了水文事业的发展。而三维 GIS 在空间数据的管理、分析和可视化方面具有明显的优势，无论是作为平台软件还是嵌入式开发，三维 GIS 都表现出很强的平台化功用。建立基于 GIS 的水文站网三维可视化信息平台可以将海量的空间数据和属性数据集成统一起来，实现图文一体化管理，在真实的三维场景中对数据进行浏览显示、查询统计、空间分析等操作，不仅可以提高站网管理水平和站网管理人员的工作效率，还可以为相关决策部门提供及时、科学、全面的技术支持和决策依据。

### （二）空间数据模型

1. 三维空间数据模型

人类对于客观世界的认识需要一个过程，由于人们认识客观事物的方式和目的不同，因此有了不同的模型。现实生活中的地形地貌、房屋建筑等地理实体想要借助计算机来可视化显示或表达，就必须将它们抽象或简化成计算机易于存储和显示的数据模型。三维空间数据模型真实地反映了我们对现实世界的认知和对空间对象的抽象表述，作为三维可视化和空间数据库的基础，三维空间数据模型一直是国内外众多专家学者和科研机构研究的热点领域，有近二十余种模型被提出，总体上可以分为以下三种。

（1）面模型

面模型更加注重三维空间实体表面的表示，空间对象的几何特征通常依靠微小的面单元来描述。对于三维空间的表示，通常借助表面表示形成目标的空间轮廓，如地层构造、地形表面、建筑物的轮廓与空间框架。面模型在数据的显示和更新方面的优势较为明显，但在三维空间数据的查询和分析方面由于没有相应的三维几何描述和内部属性记录而无法实现。

（2）体模型

体模型更加注重三维空间的分割和真三维实体表达，用体信息来描述对象的内部是三维空间目标的表达方式，体模型的出现使物体的体信息能够被方便地进行可视化表达和空间分析。体模型在对象的空间分析方面优势较为明显，但由于体模型包含的数据量较大，所以将会占用很大的内存空间，因此导致计算机计算和显示速度较慢。

（3）混合数据模型

混合数据模型是将几种数据模型集成统一在一个系统中。它同时具备面模型和体模型二者的优点，在处理和分析的过程中根据需要选择合适的数据模型，因此不但便于数据显示和更新，而且易于空间操作和分析。当前混合数据模型的理论和研究还不是特别成熟，需要进一步完善，因此大多停留在理论阶段，并没有被大规模应用。目前，基于面或体的单个模型发展相对成熟，已经广泛地应用于各个领域，但单个模型在三维空间对象的表达和空间分析方面还存在很多不足，因此，具备二者优点的混合数据模型已经成为空间数据模型研究的热点之一。

2.ArcGIS 三维数据模型

Multipatch（多片）是 ArcGIS 所特有的能够更好地描述三维实体表面的要素类型，ArcGIS 8.3 以前，所有的空间对象都是在二维平面上展示，不能将高度信息表达出来，而在 Multipatch 中高度坐标值 $z$ 能够更加完整地表达空间对象的信息，该要素可以在 ArcGIS 系列软件中直接使用，信息平台的开发主要是使用 Multipatch 这种数据模型来进行三维模型的创建和存储。

Multipatch 模型是由三角扇（Triangle Fan）、三角条带（Triangle Strip）和组环（Rig）等一些常见的三维面组成。三角条带是通过许多相互连接的三角形所形成的带状图形，而三角扇则是通过许多相互连接的三角形所形成的扇状图形，环大多是以组的形式出现，组环在一定程度上可以代替三角扇和三角条带来构成其他不同形状的几何图形。但是三角扇和三角条带能够使构成模型的面的数量减少，使三维模型的构建更加简单，同时增加模型的可读性，减少模型的冗余，使模型各部分间的关系更易于理解。

ArcGIS 中创建 Multipatch 的方式很多，既可以通过平移的方式获得也可以通过对节点坐标和组成面的定义获得，对于在 SketchUp 等三维建模软件中创建的模型也可以通过插件将其转换成 Multipatch 格式并导入到 Geodatabase 中。Multipatch 能够以三维符号的形式在 GlobeScene 等三维场景中显示，也可以将其添加到符号库或存储在要素类中在需要的时候使用。

## （三）空间数据库技术

### 1. 空间数据库简介

空间数据库是在 GIS 的基础上发展起来的一种新的数据库技术，它是地理信息系统不可或缺的一部分。空间数据库系统可以将空间数据的输入存储、查询统计等系统化，与传统的数据库相比能正确地反映和描述空间数据的特征。目前，大多数空间数据库都是在扩展 RDBMS 的基础上得到的对象—关系型数据模式，它是传统关系型数据库的突破与创新，能够将空间数据像普通数据那样进行方便的增删改查等操作，空间数据库对空间数据的管理具有以下特点。

（1）数据共享方便。可以通过发布共享功能方便地进行空间数据的共享发布，并且通过数据库的解锁技术，解决共享冲突问题。

（2）数据一致性好。空间数据库存储和管理的不仅有属性数据，还有大量与空间位置分布相关的空间数据，两种数据相互关联、密不可分，使用数据库维护手段统一管理和维护数据避免了产生对多份数据的修改不同步现象。

（3）数据访问高效。空间数据库的查询机制对于数据的访问更加安全高效，可以满足空间信息系统强大的查询检索和空间分析的需要。

（4）海量数据管理。空间数据库不需要将地理数据进行分块管理，而是能够将海量无缝数据直接存储起来，大大增强了事务处理能力。

2.ArcSDE 空间数据引擎

空间数据引擎作为一种中间件技术是客户端与数据库之间存取数据的桥梁，主要用于在关系型数据库中对空间数据进行查询和存取等操作。ESRI 公司率先提出了空间数据引擎的概念，其开发的 ArcSDE 利用关系型数据库的特点和 C/S 模式，通过对 Oracle、IBMDB2 等 RDBMS 的扩展，实现了多用户 GIS 环境下对空间数据和属性数据的存储、查询和管理。

间接连接需要在服务器端安装 ArcSDE 应用服务器，不需要在客户端安装，服务器的运行压力较大，客户端运行压力较小。在这种连接方式下，数据库中的空间数据通过 ArcSDE 应用服务器进行统一读取，然后再传递给客户端。

直接连接则需要将 ArcSDE 应用程序安装在客户端，不需要在服务器端安装，客户端运行压力较大，服务端运行压力较小。在这种连接方式下，客户端和数据库服务器之间直接进行数据的请求与响应，提高了数据访问效率。

3.ArcSDE 对空间数据的存储与管理

ArcSDE 对于矢量和栅格数据均采用多表关联的形式进行存储，对于影像和高程等栅格数据的存储比矢量数据复杂，通过一些互相关联的表来实现。当通过 ArcSDE 把栅格数据存放到数据库时会在业务表（Bussiness Table）中增添字段，同时在栅格数据索引表中建立索引，然后根据索引值生成其他四个相关表。栅格表存储高程或影像数据的描述信息，栅格分块表存储了真实的高程或影像元数据，波段表存储高程或影像数据的波段信息，栅格附加信息表存储色表、统计图表等栅格元数据。

对于测站图层、河网水系以及道路交通等矢量图层的存储涉及的表现相对较少。图层表里面存储系统的矢量图层，业务表存储水文地理数据的属性信息，业务表与水文测站图层对应，每一行代表一个地理要素且有唯一的 Objcct-ID，要素表存储水文地理要素的封装边界和图形坐标，空间索引表主要用来存储图形引用，加快要素查找。

## （四）基于 ArcGIS Engine 组件式 GIS 开发技术

### 1. 组件式 GIS 技术

组件技术作为一种新的软件开发方法具有高度的重用性和可扩展性，如今越来越多的软件设计和开发采用组件式技术，其中组件式 GIS 技术已经广泛地应用于地理信息系统的开发。组件式 GIS 的主要思想是将 GIS 的功能模块化，按照功能或目的将其划分为若干个控件，各控件之间或与其他功能模块之间可以利用可视化的开发工具进行集成，最终形成一个完整的应用系统。

传统的 GIS 系统不但独立封闭，而且功能复杂，很多功能与用户需求不相关，对于系统的开发也必须掌握相应的二次开发语言、熟悉相应的方法和类库，这就导致学习成本增加，整个系统的开发成本和周期也成倍增加。组件式 GIS 技术的出现使我们可以根据需要灵活定制系统功能，使系统更加轻量化。组件都是以二进制形式发布，开发者不需要另外学习专门的开发语言，只需要熟悉组件式开发过程中用到的属性、方法和事件，就可以在通用的集成环境下进行系统的开发和集成，这大大降低了系统的开发成本和周期，对于新的需求或问题，系统可以进行灵活的定制与升级。随着 GIS 在各个领域的应用，许多公司推出了自己的商业 GIS 软件，虽然商业软件功能强大，但过于臃肿，在应用时灵活性不强，而且价格昂贵。根据需求分析和客观条件的限制，本系统采用 ArcGlobe 作为开发平台，利用 GIS 组件式二次开发技术进行水文站网三维可视化信息平台的开发。

### 2.ArcGIS Engine 组件

ArcGIS Engine 是 ESRI 公司推出的功能强大的 GIS 组件库，可以开发出脱离桌面应用程序而独立运行的产品，主要由开发工具包和运行时环境两部分组成。开发工具包是由开发应用程序的过程中所使用到的组件和工具组成，运行时环境是在缺少桌面应用程序的情况下运行用户开发的嵌入式 GIS 应用程序所必不可少的。ArcGIS Enginc 开发包由控件、工具条和工具、对象库三部分组成。通过控件的选择可以实现不同的可视化界面；对于一些常用的交互功能可以通过工具条的选择实现；对象库包括很多其他的子库，可以根据需要开发定制出各种级别的应用程序。

其中 ArcGIS Engine 三维分析扩展模块中的 SceneControl 和 GlobeControl 两个控

件是设计和开发定制应用程序的过程中实现三维可视化应用的主要控件，SceneControl 侧重于平面三维的表达，确切地说应该是一种 2.5 维，而 GlobeControl 侧重于球面三维的表达，更加接近于人类对于真实三维世界的认识，用户可以利用该控件开发出具有三维可视化效果的场景，在此场景中通过控件和工具开发出各种功能，实现对空间数据和属性数据的管理和操作，同时也可以在场景中进行三维建模等操作使整个三维场景更加逼真，在设计和开发水文站网三维可视化信息平台的过程中就使用了 ArcGIS Engine 开发包中大量的控件、工具和类库。ArcGIS Engine 开发的软件可以在不安装 ArcGIS 平台软件仅安装运行时环境的情况下独立运行，整个开发过程更加方便快捷，大大降低了开发人员的开发难度，提供了一个易于维护和扩展的轻量级 GIS 开发框架。

## （五）基于 ArcGIS 和 SketchUp 的三维场景构建

### 1. 三维建模概述

三维模型与二维地图相比，主要的特点是多维结构，具有完整的时空定位特征，能够将空间中对象的数量、种类、空间位置分布以及相互间的关系直观地展现出来，不但可以表达空间对象平面间的位置关系也可以表达空间对象的垂向关系。三维模型的好坏直接影响三维可视化场景的显示效果，好的模型可以使场景看起来更加逼真。目前，三维建模的方法很多，它们具有不同的优缺点和适用范围。

由于空间地物分类比较复杂，同时三维模型包含的面也十分广泛，为了研究的方便，我们可以把三维建模简化为两方面：地形建模和地物建模，在 ArcGIS 系列产品中地物的精细建模较为困难，考虑到客观条件的限制和各种建模方法的优缺点，将首先使用 DOM 和 DEM 在 ArcGlobe 中进行地形建模，构建地形三维场景，然后使用 ArcGlobe 和 SketchUp 软件进行建筑物的简单纹理建模和精细化三维建模，最后通过插件将建立好的模型导入到三维场景。

### 2. 地形建模

地形是空间地物的载体，是构建三维场景的基础，空间地物只有建立在真实的地形之上才能使整个三维场景更加逼真，尤其是一些山区丘陵地带，地形的三维建模是构建真实的三维场景的关键。采用 ArcGIS 进行地形三维场景的构建，数字高程模型为地面提供高程值，数字正射影像为地形表面提供清晰的影像图，将同一地区的数字高程模型和数字正射影像叠加配准，生成真实的三维地形场景网。

数字高程模型：简称 DEM，是对地面地形通过离散有限的地形高程值进行数字化模拟。DEM 以数字媒介存储和表示地形信息，便于数据的存储与传播、更新与自动处理，地形精度也不会损失，而且适合进行空间分析与三维建模，水文站网三维可视化场景中表示地形起伏的高程、Elevation（30 m）等都属于这类数据。数字正射影像：简称 DOM，是将遥感影像或航空航天相片经过数字化扫描后进行数字微分纠正和镶嵌处理，然后按照一定规范剪裁生成的数字正射影像数据集。

DOM 中包含大量的信息，以更加直观和逼真的方式展示，我们可以方便快捷地获取需要信息作为三维场景的背景信息。

DEM 可以精确地表达地形表面的起伏，高分辨率的 DOM 可以清晰地再现地面地物要素，将 DEM 和 DOM 叠加，可以进行地市级尺度的宏观地形重建，生成的三维地形带有地物纹理特征，可以将利用 SketchUp 软件创建的地物模型叠加在三维地形之上。

3. 地物建模

SketchUp 是美国著名的三维设计软件开发商 @Last Software 推出的一款令人耳目一新的三维设计工具。Google 公司收购 SketchUp 后对其功能做了进一步的开发与扩展，使其界面简洁易用、功能强大，能够实现所见即所得的表达效果，可以将三维模型导出为 ArcGIS 中支持的 Multipatch 格式。对水文站、水位站等主要建筑物采用 SketchUp 软件进行精细建模，对一些与水文要素无关的建筑物采用 ArcGIS 进行简单纹理三维建模。

（1）采用 SketchUp 软件建模

对于空间结构复杂且重要性较高的地物，通常利用 SketchUp 软件对其进行精细化的三维建模。SketchUp 对建筑物的建模过程首先是根据 shp 文件、遥感影像等参考底图勾勒出轮廓，在确定了底面轮廓之后将线画成面，然后通过推拉工具挤压或拉伸底面、绘制屋顶等一系列操作完成三维模型的构建，最后对三维模型进行纹理贴图，使模型更加真实。

水文站模型，首先将高分辨率的遥感影像导入 SketchUp 作为参照，在影像图中将水文站的底面轮廓勾勒出来，然后按照水文站原型将底面逐层拉伸一定的高度，并对屋顶建模，生成简易的水文站三维模型，在水文站模型表面添加门窗和标志后进行纹理映射，使整个水文站模型看起来更加真实。最后选择模型的所有组块作为一个整体生成一个组，在以后建模的过程中可以再次使用。

（2）采用 ArcGIS 接口建模

对于空间结构简单且重要性较低的地物，可以使用 ArcGIS 软件构建简单纹理三维模型，城区建筑物模型。在 ArcGlobe 中导入建筑物轮廓面矢量数据，根据矢量数据提供的高度辅助数据将建筑物底面轮廓直接拉伸一定的高度生成简单纹理三维模型。该模型既可以直接作为矢量面数据使用，也可以转换为 Multipatch 类型。

### 4.ArcGIS 和 SketchUp 模型数据转换

ArcGIS 三维模块和 SketchUp 之间的数据交互既可以通过 ArcGIS 将三维模型符号化的方式实现，也可以通过将三维模型转换成 ArcGIS 支持的 Multipatch 数据格式的方式实现。三维模型符号化的方式虽然操作简便，不需要数据格式转换，但模型不能在数据库中存储，数据量大时将极大地影响显示效率，同时模型的大小和地形的结合不是很好。Multipatch 数据格式能够很好地解决这些问题，因此 ArcGIS 和 SketchUp 之间的数据交互是通过将模型转换成 Multipatch 的格式来实现的，这个过程中需要使用到 SketchUp ESRI Plug-in 插件，该插件包含两个组件，分别为 "GIS Plugin" 和 "3D Analyst Sketch Up 3D Symbol Support"，我们在使用的过程中可以用 GIS Plugin 组件将 SketchUp 中建立好的模型转换成 Multipatch 格式导入到 Geodatabase 中，同时也可以使用 "3D Analyst SketchUp 3D Symbol Support" 组件在 ArcGIS 中将需要进行建模的矢量或栅格数据导入到 SketchUp 中。在 ArcGIS 桌面应用 ArcMap 加载并导入需要进行建模的矢量数据，通过插件工具将该数据导入 SketchUp 中，然后在 SketchUp 中将模型数据建立完成后转换成 ArcGIS 中支持的 Multipatch 模型数据格式，最后再通过插件工具将模型导出并保存于 Geodatabase 中，在 ArcGIS 中可以对建立好的模型进行浏览编辑和空间分析等操作。

## （六）海量三维数据的组织与动态调度

三维可视化场景的构建包含大量的高程、影像等栅格数据和站网图层、行政区划等矢量数据，海量的空间数据必须经过合理的组织和调度才能使参与渲染的数据量减少，同时提高三维场景显示的质量和效率。

### 1. 金字塔模型

金字塔模型作为一种多分辨率层次模型广泛应用于图像处理和地形可视化，但准确来说，金字塔模型应该是一种连续分辨率模型，由于连续分辨率模型的构建相对困难而且意义不大，因此采用倍率方法构建多级分辨率层次模型。

通过构建多级分辨率的地形金字塔模型，在地形三维场景显示时可以依据观测点与地形块的距离等条件选择能够满足需要的不同层次的分辨率数据，这样不但可以保证场景显示时的视觉效果，同时低分辨率的数据又可以减少显示时的数据量和调度所花费的时间。金字塔的多级分辨率模型与单级模型相比在一定程度上使数据量增加很多，占用了一些额外空间，但避免和简化了场景构建时对于数据的操作和实时处理，缩短了场景的显示时间，综合来看这种以空间换时间的方法是很值得的。

## 2. 细节层次（LOD）技术

LOD（Level of Details）技术由美国学者 Clark 提出，他提倡为场景中的不同地物选择合适的细节模型，从而最大限度地提高三维场景的显示速度和视觉效果。LOD 技术先后经历了离散 LOD、连续 LOD 和多分辨率 LOD 三个阶段的发展，已经较为成熟地应用于地形的三维可视化显示。离散 LOD 模型之间不连续，存在"视觉跳跃"问题，对于大范围地构建全球多分辨率虚拟地形的能力不足。连续 LOD 虽然在某些方面性能优于离散 LOD，但算法较为复杂，难以达到实时，而且三维场景的显示不符合人在观察事物时近详远略的生理机制。多分辨率 LOD 不但可以很好地解决这些问题，而且还可以在实时渲染时根据与视点间的距离选择不同分辨率数据，减少模型数据量，使整个三维场景的显示更接近人的真实感受。

由于人的视线范围有限，对于距离较远的场景只能获取到很少的信息量，所以可以用较低级别的细节层次来描述，而距离较近的场景可以观察得更加完整和细致，获取到更多的信息量，因此可以用较高级别的细节层次来描述。对于有较大地形起伏的地面来说，在三维地形显示时可以在地形的突变或平缓处分别选择不同的细节层次，平坦处选择低细节层次，突变处选择高细节层次，这样既可以减少视觉损失，又可以提高显示效率。因此，场景的不同部分是从多个模型中获取，然后通过相应算法将它们无缝地连接到一起。

开发过程中可以调用 IGlobeAdvancedOptions 接口获取 ArcGlobe 的高级可视化和数据管理选项，通过 LOD 属性实现层次细节水平的设置，也可以通过属性 Target Frame Rate 进行目标对象帧速率的设置。

## 3. 海量数据的动态调度策略

三维场景的显示涉及大量地形、纹理和模型等数据，计算机很难将这些数据一次性加载到内存中进行显示，需要对海量数据进行分割，实行分块调度。为了达到漫游过程中地形景观实时动态显示的效果，建立数据分块和自动分页的存储机制是行之有效的方法。场景中的数据帧与计算机中数据块构成的存储空间对应，数据块根据视点的变化会进行相应的更新和调整，但数据从硬盘中获取的速度很慢，可能视觉上会有一定的延迟，这将严重地影响三维场景的显示效果。为了解决这个问题，可以根据数据的空间和时间关联性分析观察点的移动方向及趋势，通过多线程机制将要显示的数据从硬盘预先加载到内存中，而后在内存中完成数据的更新。这种动态的数据加载需要建立一个服务于三维场景显示的前台缓冲区和一个对应于数据库的后台缓冲区，前后台两个缓冲区之间的数据交互利用多线程技术实现。多线程技术的引入很好地解决了数据页缓冲区的数据更新问题，动态数据页随着观察点与数据页几何中心之间的位置关系变化进行实时更新，实现了海量数据的实时任意方向漫游显示。

原视点由数据页的中点向正上方移动的过程中，当超过一定距离时，线程将会自动开启并进行后台缓冲区数据的更新操作，最下方一行数据块将被最上方新加入的一行数据块更新替换；继续向正上方移动视点位置再超过一定距离时，则将两个缓冲区中的数据交换，其他方向变化也采用这种处理方式，这就实现了任意方向和范围内的海量三维数据实时动态渲染。

# 二、水文站网三维可视化信息平台设计

## （一）需求分析和设计目标

### 1.需求分析

近年来，国家对水文工作高度重视，水文事业的投入也不断增加。无论是水文测站的建设还是水文站网的管理水平都取得了巨大成就，我国水文工作正在从传统水文向现代水文转变。但在水文站网的规划管理过程中，随着站网规模的扩大和站网布局的优化调整，传统的站网图纸或物理沙盘模型不具备实际的地理坐标，不能真实地表达测站位置的地理信息，信息查询和更新困难。同时大量的水文数据缺乏统一的数据组织和管理平台，不利于充分挖掘水文信息、探索水文规律，不能更好地为站网规划及相应水域的治理、开发和民生服务等方面的科学决策提供支持。随着"数字水文""智慧水文"的提出，建立现代化的水文站网管理系统已经成为趋势，运用计算机和GIS技术以及系统科学理论建立水文站网信息管理系统对水文站网进行科学管理可以有效地解决以上问题，从而实现水文站网的可持续化发展。

通过分析现有水文站网中存在的问题，建立基于GIS的水文站网三维可视化信息平台，利用GIS强大的空间分析和处理能力，在三维可视化场景中对数据进行管理和相关操作，更好地发挥水文站网的作用，该平台应包括以下功能。

（1）水文站网数据采集与输入功能：本系统应具备将水文站网涉及的地形数据、影像数据、河网水系、站网图层等各类基础地理数据通过不同的方式采集输入到可视化平台中构建真实三维场景的能力。

（2）水文站网数据编辑与处理功能：本系统应具备对不同格式的空间数据进行编辑修改和格式转换等操作的能力。

（3）水文站网数据浏览与管理功能：本系统应该能够通过可视化界面浏览和管理

分层显示的站网数据，同时可以通过对站网图层属性信息的修改来更新水文站网信息。

（4）水文站网三维场景控制功能：本系统应具备真实三维场景的显示，实现如漫游导航等的基本空间浏览功能；对感兴趣的热点区域设置相应的书签进行保存和管理；对场景信息制作飞行动画进行动画影音的播放。

（5）水文站网数据查询统计功能：本系统应具备通过多种形式的图属互查方式查询属性信息或快速精确定位空间方位，对于查询结果进行数理统计、生成图形报表。

（6）水文站网数据空间分析功能：本系统应具备通过矢量和栅格数据的空间分析来挖掘水文站网与地理背景要素间关系的能力，为站网规划和决策提供科学支持，同时实现对空间距离、面积等的交互式测量。

（7）水文站网数据更新功能：本系统应具备与数据库连接进行数据的导入导出、修改更新和移除等功能。

（8）水文站网系统帮助功能：本系统应以文档的形式说明系统的主要功能以及常见问题的解决方案，指导和帮助用户更快地熟悉本系统以及解决系统使用过程中遇到的问题。

2. 设计目标

在系统平台设计时，通常要遵循一定的设计原则，本系统设计原则如下：

（1）科学实用性。按照软件设计思想从需求分析和可行性分析出发，按照国家和行业标准，采用目前较为先进成熟的技术对系统进行科学、合理的设计。

（2）安全稳定性。系统设计的过程中要综合优化配置软硬件服务，保证系统数据的安全性和系统运行的稳定性。

（3）友好开放性。系统设计时应以用户体验为中心，保证用户界面友好便捷。同时，采用标准统一的数据模型，提供良好的数据交互能力，满足信息交换与集成共享。

（4）扩展兼容性。系统设计应满足多种数据、平台和操作系统的兼容性，同时要方便系统后期的维护和扩展。

水文站网三维可视化信息平台是在真实的地理场景中展示水文站网数据的可视化平台，因此，我们的设计应在现有理论和技术的支持下，打造一个以真实三维地理场景为背景，集空间数据输入存储、浏览管理、查询统计和空间分析等功能于一体的水文站网三维可视化管理系统。该系统既能加强水文站网管理，为站网规划和决策提供科学依据，也能减少站网管理过程中的浪费，提高站网管理人员工作效率，更好地发挥水文站网作用。

### （二）系统体系结构设计

1. 系统总体架构设计

本平台的设计采用 CIS 为主和 B/S 为辅的混合模式，C/S 体系架构一般在局域网环境下构建，能够在保障业务数据安全的同时提高传输效率，而且 C/S 架构能够平衡数据库服务器和客户端的负载，提高系统整体性能。B/S 体系架构通常建立在广域网之上，不需要客户端安装应用程序，只要有浏览器就可以运行，系统扩展容易、维护方便，但 B/S 架构面向的用户群体不可知，对数据的安全控制能力较弱。本系统为保证数据安全，减轻服务器压力，主体部分采用 C/S 体系架构设计水文站网三维可视化信息平台，当需要对外发布时采用 B/S 架构设计网络发布子系统。

在系统 CIS 部分，客户端应用程序与后台数据库建立连接后，通过 ArcSDE 将空间数据转换后存储到 Oracle 中，同时可以通过 ADO 组件对数据库中的属性数据进行存取和管理；B/S 部分同样是将 ArcSDE 和 ADO 组件作为浏览器端与数据库服务器之间的连接通道，把从 Oracle 中获取到的数据，通过 ArcServer 和 WEB 服务器进行网络发布，只针对 C/S 模式下的主体部分进行设计与开发研究。

2. 系统外部接口设计

水文站网三维可视化信息平台并不是作为一个独立运行的系统进行设计开发的，它只是整个大课题下的一个子系统，与其他应用程序之间存在着许多关联。

首先，将获取到的水文站网空间数据和属性数据经过预处理后存入水文空间数据库，在数据的获取层和管理层之间应提供数据写入接口。其次，数据入库之后站网信息服务层可以调用数据库中的数据进行浏览查询、统计分析等操作，同时可以将处理结果和变更后的数据存入数据库，因此在信息服务层和数据管理层之间应该提供数据读写接口。最后，信息发布层需要从信息服务层或数据库中获取数据进行网络发布，完成信息发布和共享，因此需要为发布层提供数据输出接口。

3. 系统内部接口设计

水文站网三维可视化信息平台根据应用需求可以划分为多个功能模块，各个功能模块之间存在着相互联系和影响，因此明确系统内部各个功能模块之间的关系也是系统总体设计的一部分。

### （三）数据模型与数据结构设计

1. 站网数据组成

水文站网涉及的数据很多，分为基础地理、遥感影像等空间数据，水文专题数据、业务数据等属性数据以及测站照片、站网简介等文件数据。

水文站网中包含大量的图形数据和属性数据，而传统的数据库不能满足海量多源异构数据的存储，因此需要设计针对性的数据模型和数据结构来对空间数据进行存储和管理，为图文一体化平台的实现提供数据支撑。

2. 系统数据模型设计

系统数据模型的选择目前主要有两种思路，一是可以通过对关系型数据库的扩展得到，如 OracleSpatial，二是可以在关系型数据库的基础上独立构建一种新的空间数据模型，如 Geodatabase。由于本系统在应用的过程中涉及海量数据复杂的空间操作，因此采用 Geodatabase 空间数据模型来对数据进行统一存储和管理。Geodatabase 空间数据模型是 ESRI 公司在标准关系型数据库管理系统的基础上开发的一种面向对象的空间数据模型。它将地理要素集通过一定的模型或规则进行组合，能够很好地支持要素类及其空间拓扑关系、要素间关系等面向对象的要素，ArcGIS 中可以直接使用 Geodatabase 地理数据来进行浏览显示、查询分析等操作。作为一种面向对象的空间数据模型，Geodatabase 数据模型的要素类具有封装、继承和多态三个面向对象的基本特征，要素具有一定的属性和行为，这使点、线、面等的概念不再抽象，更加符合我们对真实世界的认知。

（1）对象类：同时继承自要素数据集和表，能够将地理属性数据和相应的空间数据关联在一起。

（2）要素类：具有相同的属性、行为和规则的空间要素集合，如站网图层中的水文站、水位站和墒情站等。

（3）要素集：空间参考系相同的要素类的集合。

（4）几何网络：由一组相连的边和交汇点以及连通性规则组成，可以为水文站网等公用网络和基础设施进行建模。

（5）关系类：存储对象之间或特征之间的关联关系。

（6）栅格数据集：存储不同光谱的多光谱带的简单或复合数据集。

（7）TIN 数据集：不规则三角网的集合，常用来表示地球表面。

目前，ArcGIS 中有三种 Geodatabase 结构，对于建立个人或小型地理信息系统大多采用 Personal Geodatabase，但 File Geodatabase 存储相同的数据在性能和硬盘占用方面明显优于个人空间数据库，从目前趋势来看，File Geodatabase 将逐步取代 Personal Geodatabase，对于多用户环境下的大型地理信息系统，ArcSDE Geodatabase 是最佳选择，它可以将不同结构的数据存储到数据库并进行高效的查询和管理。

### 3. 系统数据结构设计

数据结构是数据模型的表达，选择合适的数据结构不但可以提高数据的操作效率，而且可以增加系统设计的通用性和灵活性，因此对于数据结构的设计至关重要，空间数据结构通常可分为矢量和栅格两种。

矢量数据结构对地理空间中的实体如点、线、面等的描述是通过记录实体坐标及其关系实现的，地理空间是空间中地理对象如河流、湖泊、城市、农田、山地等的集合，矢量数据是表示这些地理对象最佳的数据结构。在水文站网三维可视化信息平台中，基础地理数据和水文站网分布等采用矢量数据结构存储，矢量数据结构能精确地表示图形目标和计算空间目标的参数，数据量小且可以建立空间坐标间的拓扑关系。

栅格数据结构是将地球表面区域划分为由行列号定义的大小均匀且紧密相邻的像素网格阵列，每个像素的属性类型或量值均由一个代码表示。地理空间是一个个像素点的集合，栅格数据是表示地理空间的最佳数据结构。在水文站网三维可视化信息平台中，影像数据和高程数据等采用栅格数据结构存储，栅格数据结构易于存储、显示和操作，适合进行空间分析，但也存在数据量较大且不连续的问题。

除矢量数据和栅格数据外，本系统还有大量的属性数据。这些属性数据既包括与图形数据相关的属性数据也包括与水文专题、业务逻辑相关的属性数据。水文专题数据根据国家颁布的《中华人民共和国水利行业标准》设计相应的表结构，与业务相关的属性数据以测站信息表为例，数据库中的测站信息表包括存储编号、测站编码、测站类型、测站名称等内容。

## （四）坐标系统设计

目前我国在水文方面积累了丰富的数据，但因为这些数据的采集方式、表达尺度和空间域不同，所以不同数据的坐标系统往往不同，这就给数据的集成和共享带来困难，因此要设计统一的坐标系统来方便数据的管理和共享，坐标系统的设计一般从地理坐标系的设计和投影坐标系的设计两个方面进行。

### 1. 地理坐标系

地理坐标系又叫球面坐标系，是指将球面上任意一点的地理位置用经纬度来表示。椭球体模型是地理坐标系中最重要的参数，它近似地模拟了地球表面，但由于测定地区和方法的不同，椭球体模型在长、短轴和偏心率等参数方面可能有所差别。

### 2. 投影坐标系

投影坐标系又叫平面坐标系，是采用坐标对 $(x, y)$ 来表示地理位置。投影变换使地球球面上任意一点都可以通过二维平面坐标系的一个坐标 $(x, y)$ 来表示，实现了地球球面到平面的转换。我国常用的投影系统根据地图比例尺的不同分为高斯—克吕格投影和兰博特投影，两种投影适用场景不同，前者是等角横轴切椭圆柱投影，分为两种精度适用范围不同但中央经线重合的分带；后者是正轴等角割圆锥投影，常用于1∶100万比例尺以上的地势图、气象与气候图等其他对方向有要求的专题图。

## （五）功能模块设计

在需求分析和体系结构设计的基础上，按模块化的思想将设计目标中的平台功能划分为若干功能模块，对各功能模块进行详细设计。基于 GIS 的水文站网三维可视化信息平台划分为八个功能模块。

### 1. 站网数据采集输入模块

该平台作为数据的使用端，首先应具有对多源异构数据的采集输入功能。水文站网数据种类繁多，本系统通过从本地磁盘加载和数据库调图两种方式实现空间数据的采集与输入。对于新建测站等地理数据可以通过手动采集将其转换成电子介质形式，从而使其可以导入数据库或在三维可视化信息平台上显示；对于水文站、水位站、遥感影像等与水文站网相关的地理数据，大多以矢量或栅格的形式保存在数据库或本地磁盘中，可以直接将它们加载到三维可视化信息平台上进行浏览或编辑处理。

### 2. 站网数据编辑处理模块

当从本地磁盘或数据库中获取的数据不符合系统的输入格式或为了压缩数据，将栅格数据加入矢量形式的数据库中时，必须将数据转换成系统需要的格式才能在系统中正确使用，如 dwg 格式与 shp 格式的转换、栅格数据与矢量数据的转换。而根据现有地图或图纸手动采集数据的过程中，也难免会出现空间数据不完整、空间位置不准确等问题，这就需要修改和配准功能来校正这些误差，数据在修改和转换后才能保存到数据库或在视图中显示。

### 3. 站网数据浏览管理模块

站网数据加载到三维可视化平台后空间数据在平台中分层组织，不同层代表不同的站网数据，为了数据管理和查看方便，设计浏览管理模块实现图层的显示、创建、添加和删除等功能，也可以对图层属性表进行编辑保存以及导出操作，同时还可以对三维视图进行放大、缩小、全屏和漫游操作。

### 4. 站网三维场景控制模块

水文站网三维可视化信息平台中对三维场景的控制至关重要，通过漫游导航、飞行动画等功能可以更加直观综合地对三维场景进行全方位浏览，同时书签管理功能可以对感兴趣的区域设置相应的书签保存，随时切换并定位热点区域，为用户提供更好的浏览体验。

5. 站网数据查询统计模块

站网查询统计模块提供图属互查和统计分析功能，可以通过查询快速定位地理目标并获取相关信息。点查询通过点击选中三维可视化场景中感兴趣的地理目标，将在对应位置处弹出与地理要素相关的属性信息，同时可以点击查看测站详细介绍、水文特征值等；属性查询可以选择字段作为输入条件，搭建 SQL 语句查询要素所在位置并在场景中高亮显示，另外也可以通过经纬度、测站名等信息快速精确地定位目标地理位置。对于查询出的地理要素可以进行最大值、最小值、平均值和标准差等常规数理统计，也可以对水文特征值如历史最大洪峰等进行图表统计。

6. 站网数据空间分析模块

GIS 最主要的特点是具有强大的空间分析功能，通过空间分析可以为决策提供支持。空间分析模块包括基于矢量数据的空间分析、基于栅格数据的空间分析和空间测量。基于矢量数据的分析又可分为缓冲区和叠加分析，叠加分析可以将有关的水文站网图层、地形图、遥感影像等图层进行叠加，从宏观上了解站网分布状况；缓冲区分析可以在地理要素周围产生缓冲带，为站网规划提供帮助。基于栅格数据的空间分析包括坡度坡向、曲率、填挖方和可见性等分析。空间量测可实现 3D 直线长度和地形起伏线长度测量、高度和面积测量以及要素对象测量。

7. 站网数据更新模块

在外部接口设计时，水文站网三维可视化信息平台与水文空间数据库管理系统相连，平台所需要的数据大都存储在空间数据库中，所以建立数据更新模块来实现空间数据和属性数据的修改保存、导入导出十分必要。

8. 站网系统帮助模块

该模块的设计旨在帮助用户更加方便快捷地了解和使用本平台，这里主要以文档的形式保存系统的设计说明、操作指南以及常见问题及解决方案，新用户可以快速地了解和掌握系统的使用。

## （六）界面设计

水文站网三维可视化信息平台是 GIS 技术在水文水资源领域的典型应用，能够在真实的三维地理背景下浏览查看水文测站的分布，对特定的水文测站进行管理和分析。因此，平台界面的设计不但要符合传统 GIS 软件的设计习惯，还要以功能为出发点，便于用户理解和掌握。结合系统的功能模块，参考 GIS 软件界面的排版、样式和风格等因素，采用多窗口、多菜单和多标签的形式设计。

整个界面的设计大致可分为四个部分，上侧为系统菜单栏和系统工具栏，左侧为图层管理区，中间为主视图区，下侧为属性显示区和状态栏。菜单栏根据功能模块设计，可以分为九个一级菜单，包括站网工程、站网视图、站网图层、站网查询统计、站网数据空间分析、站网数据更新、书签管理、测站管理和帮助等。这些菜单包含了平台的主要功能。工具栏包含很多常用的对三维可视化场景进行控制和操作的工具按钮。状态栏主要包括当前状态、坐标系统和当前坐标。图层管理区主要对加载到主视图中的图层进行管理，包括图层添加、移除、缩放至图层等；主视图区是图层的显示区域，用来展示三维可视化场景和水文专题图层；属性显示区用来显示站网图层的属性信息。

## 三、水文站网三维可视化信息平台开发

基于 GIS 的水文站网三维可视化信息平台做了全面而细致的设计，在此基础上，按照软件工程思想，开发实现水文站网三维可视化信息平台。首先对比和选择平台的开发方法，然后阐述平台的开发环境和开发思想，最后介绍主要功能模块开发并以关键代码或流程图等形式来详细描述其原理和实现过程。

### （一）开发方法

目前，实现三维可视化的方法很多，从开发的角度来说大致可以分为以下三种：

通过底层开发实现。这种开发方式以 NET 和 OpenGL 为代表，通过底层开发实现三维可视化功能，此开发方式较为灵活高效且支持跨平台，但由于底层开发难度较大、门槛较高，不建议使用这种方式进行开发。

通过基于现有 GIS 平台的二次开发实现。许多 GIS 软件厂商基于组件技术提供了相应的二次开发包，如 ArcGIS 的 ArcEnginc 组件，开发者可以根据自己需要进行二次开发。这是一种介于底层开发和在现有软件基础上扩展之间的开发方式，开发者需要自己设计软件体系结构，但不需要设计数据结构，因此开发周期短、扩展能力强。

通过在三维可视化软件的基础上扩展实现。许多三维软件在三维建模和可视化方面功能强大，虽不能或只能提供很少的 GIS 功能，但可以以插件的形式进行功能模块的扩展。这种开发方式不需要了解底层实现，开发所用时间短，但由于已有软件结构较为固定，很难在此基础上进行大规模的扩展开发。

### （二）开发环境和开发思想

本系统具有功能多样、结构复杂等特点，为了提高开发效率、方便系统升级维护，采用模块化思想进行开发，将信息平台划分为若干功能模块，利用 ArcObjects 的强大

组件库提供的各种组件对每个功能模块进行开发，模块化的划分方式使每个功能的实现都不影响系统整体的性能。这样既保证了系统的整体性能，又有效提高了系统内部的独立性和耦合性，也有利于开发人员分工合作。

### （三）主要功能模块开发

#### 1.站网数据采集输入模块开发

水文站网三维可视化信息平台作为数据使用端，需要系统具备专门的数据采集输入功能为平台提供数据，该信息平台的数据既可以从水文空间数据库中获取，也可以直接从本地磁盘中加载。

本平台对于空间数据的访问主要是通过 ArcSDE 建立与数据库的连接，然后访问 ArcSDE 应用服务器获取和管理存储在 Oracle 数据库中的数据。间接连接主要用到了 IWorkspacFactory 接口，该接口提供了通过 ArcSDE 连接数据库的方法，该方法中传入通过 IPropertySet 接口设置的数据库服务器名、用户名和密码等连接属性参数。数据库连接后调用 IWorkspace 接口的 Datasets 属性，通过该属性可以获取空间数据，并返回数据集，然后从数据集中遍历获取数据，找到相应的图层后调用 AddLayer 方法将图层加载到 a×GlobeControl 中。

本平台所使用的数据大部分是从数据库中获取，但也有部分数据存储在本地磁盘中，从本地磁盘获取数据加载到三维可视化信息平台较为简单，可以直接利用 ArcEngine 内置工具条中的 ControlsAddDataCommandClass 对象来浏览数据集并添加数据，这里不再赘述。

#### 2.站网数据编辑处理模块开发

通过矢量数字化或扫描数字化获得的原始空间数据一般都存在着或多或少的问题，所以空间数据在使用或入库前要进行相应的编辑处理，如空间坐标系变换、影像配准、数据格式变换等。

（1）坐标系变换

一般来说同一基准面同一位置处的经度、维度坐标相同，但在将经纬度坐标转换成平面坐标的过程中，由于坐标系采用的参数不同，所以转换后的平面坐标也不同。

（2）数据格式变换

对于平台中加载的 CAD 数据在入库前也要进行一定的转换，将其转换为 shp 格式的数据，开发过程中主要用到了 IFeature DataConverter 的 Conver FeatureClass 方法，该方法共有 9 个参数，使用起来较为复杂，其中转换前后的要素类名称以及参与转换的字段信息这三个参数是转换过程中必须指定的。

3. 站网数据浏览管理模块开发

该模块主要分为地图的浏览显示和站网图层的管理两大功能，地图的浏览显示功能主要是通过放大缩小等操作来调整目标大小或视图显示范围。站网图层数据的显示管理功能主要是通过新建、修改等操作来管理图层的显示以及修改图层的属性信息。

（1）地图浏览显示功能

地图浏览显示功能是 GIS 的基本功能，通过该功能可以实现对地图的缩放和全景浏览，ArcEngine 将这类功能封装在了工具包中，在开发的过程中我们既可以快速方便地调用封装好的工具包进行开发也可以进行独立的二次开发。浏览显示作为一项基本且常用的功能，为了操作的方便，在水文站网三维可视化信息平台的很多操作界面均有相应的接口，因此在开发过程中我们针对各自特点，选择使用工具包与独立开发两种方式相结合。由于开发工具包的方式较为简单，这里不再赘述，主要以独立的二次开发为例介绍开发过程，ArcEngine 提供了许多内置的工具条，我们可以直接调用这些工具条进行开发。

（2）图层数据管理功能

1）新建图层

站网图层包括的属性值较多，包括图层名称、图层类型、图层坐标系统、图层的字段以及字段名、字段长度、字段类型和字段精度等。

2）图层属性表管理

站网图层属性表中存储着大量与测站信息有关的数据，如测站名称、测站所在河流、经纬度信息等，图层属性表管理是对图层属性信息进行修改编辑、导出等操作，主要包括属性表字段的添加、删除、正序逆序、字段计算、属性表导出以及点击选中并高亮显示等。开发的过程中，字段的添加首先用 Ifield 和 IFieldEdit 设置字段属性，然后调用 IFeatureLayer 接口中 FeatureClass 属性的 AddField（）方法添加字段；字段的删除主要是利用 DeleteField（）方法对选中的字段进行删除操作；高亮显示选中的图层要素首先调用 IQueryFilter 的 WhereClause 属性设置高亮要素的查询条件，然后选择当前图层并赋值给 IFeatureLayer 接口，最后调用 IFeatureSelection 的 SelectFeatures 方法将所选要素高亮显示在视图中。

4. 站网三维场景控制模块开发

站网三维场景控制模块主要包括书签管理、漫游导航和飞行动画三个方面的功能，该模块的主要功能是进行三维场景控制，场景控制可以将我们感兴趣的区域保存成书签或制作成相应动画，在需要的时候可以方便快捷地对视图进行浏览。

（1）漫游导航与飞行动画

漫游导航和飞行动画功能可以通过鼠标控制场景的显示和浏览，通过导航飞行面板上的上、下、左、右、高度及倾角来控制三维场景的显示，具有前进、后退、加速、减速、仰角、俯角等功能；飞行动画功能可以实现沿任意一条路径飞行，进行场景查看，并可以设置动画播放时间和播放模式，同时也可以对相关影音进行播放和控制。

（2）书签管理

书签管理可以对热点区域进行书签创建、保存、加载和定位，使用书签保存感兴趣的视图范围，在需要时可以实现快速定位和浏览。开发过程中书签功能主要用到 IScenBookmarks 和 IBookmark3D 两个接口，通过 ISceneBookmarks 接口的 Bookmarks 属性可以获取已经存在的所有书签对象，通过该接口的 AddBookmark 和 RemoveBookmark 方法可以对书签进行添加和删除。IBookmark3D 接口定义了所有空间书签的共同功能，特别是书签的 Name 属性和 Apply 方法，Name 属性定义了书签的名字，Apply 方法可跳转到书签位置点。

5. 站网数据查询统计模块开发

站网查询统计功能模块主要包括图属互查和统计分析两个方面的功能，其中图属互查又分为基于空间位置查找属性信息和基于属性信息查找空间要素位置，统计分析分为常规数理统计和水文特征值统计。

（1）基于空间位置查询属性信息

基于空间位置查询主要是通过鼠标点击屏幕上的查询区域，获取该点的坐标后进行空间运算找出该区域内的所有目标对象。通过标识符找到与目标对象对应的文件属性表，并将属性表中的记录展示出来。

（2）基于属性信息查询空间要素位置

基于属性信息查询既可以根据测站名、经纬度等属性信息简单快捷地查询空间要素位置，也可以通过搭建 SQL 语句进行查询。以 SQL 语句查询为例，首先选择图层，确定图层后将该图层的字段信息显示在 listbox1 中，选择字段并点击获取唯一值功能将该字段的属性值显示在 listbox2，根据所选字段值和操作符搭建查询 SQL 语句，也可以直接在文本框中输入编写好的 SQL 语句，点击查询即可将满足条件的空间要素选择出来并高亮显示。

（3）常规数理统计分析

常规数理统计主要是对查询出的要素属性信息中数值型字段进行总数、平均值、最大值、最小值和标准差的统计。开发的过程中首先判断是否有图层或要素被选中，当有要素被选中后遍历获取该要素的所有数值型字段，选中字段后用 IFeatureSelection 接口的 Search 方法和 ICursor 接口获取游标，然后将游标赋给 IDataStatistics 接口对象，最后由 IStatisticsResults 接口进行统计信息分类。

6. 站网数据空间分析模块开发

站网数据空间分析主要是针对图形数据进行分析，包括基于矢量数据的空间分析、基于栅格数据的空间分析和空间测量功能。

（1）基于矢量数据的空间分析

基于矢量数据的空间分析分为叠加分析和缓冲区分析。

（2）基于栅格数据的空间分析

基于栅格数据的空间分析是空间分析的重要组成部分，主要包括栅格表面分析、空间插值、栅格计算和提取分析等，主要介绍栅格表面分析。栅格表面分析是为了返回原始数据中隐含的如坡度、坡向等的空间信息，开发的过程中主要用到了 ISurfaccOp 接口，该接口中包含栅格数据表面分析的所有方法，主要有坡度（Slop）、坡向（Aspect）、等值线（Contour）、填挖方（CutFill）、曲率（Curvature）和可见性（Visibility）等。

（3）空间量测

空间量测功能主要包括直线和 3D 长度测量、面积和高度测量以及要素对象测量，作为 ArcGIS 中较为基础且常用的功能，量测功能在三维仿真地图开发的过程中一般是被直接提供。

7. 站网数据更新模块开发

站网数据更新模块是本平台与水文空间数据库进行数据交换的外部接口模块，既可以实现平台与数据库间数据的编辑修改，也可以实现数据的导入导出和移除，保证了站网数据的及时更新，以矢量数据入库为例。

首先通过 ArcSDE 连接数据库，这个过程中用到了 IWorkspace Factory 的 Open 方法，该方法中传入通过 IPropertySet 接口的 SetProperty 方法设置的连接参数，数据库连接之后选择是否导入已有数据集，将矢量数据直接导入数据库可以调用 IFeatureDataConverter 接口的 ConventFeatureClass 方法。

8. 站网系统帮助模块开发

该模块的主要功能是用户可以通过查看帮助文档快速了解和熟悉本平台，对平台使用过程中可能出现的一些问题给出解决方案。

# 四、水文站网三维可视化信息平台应用

## （一）应用实例及意义

随着国民经济的快速发展和国家对水文事业的日益重视，山西大同、朔州水文迎来了前所未有的发展机遇，大同市水文水资源勘测分局所辖的 1 处巡测基地、1 处中心站、7 处巡测中心、5 处巡测站、11 处水位站、310 处雨量站、14 处墒情站、8 处蒸发站、8 处泉水站、31 处水质监测断面、509 眼地下水监测井，基本形成密度适宜、区域布局合理的水文监测站网系统。各类水文测站积累了大量的历史水文资料，同时每天还在不断产生新的各类实测数据，这给数据的显示和管理、分析和应用以及整编和归档带来很大困难，加之各类测站随着时间和环境的变化也在不断地扩建和改建，原有的同朔地区站网物理沙盘、纸质图纸和数据来不及更新换代等诸多问题，使水文站网管理和建设工作难度加大、效率低下，久而久之不但不能为水文站网的建设和管理、灾害的救援和指挥提供决策支持，而且可能会阻碍水文站网的正常运行。

设计开发的基于 GIS 的水文站网三维可视化信息平台以高密度的站网布局为基础，综合运用计算机网络、地理信息系统、三维建模和空间数据库等技术，融合各种水文专题数据、地理环境要素和社会经济信息等，实现了水文大数据的资源整合。海量图形和属性数据集成在一个平台上，构建起以真实地理环境为背景，服务于水文站网管理和防汛抗旱测报的三维可视化信息平台，实现了图文一体化管理。通过该平台对各类水文数据进行输入存储、浏览编辑、查询统计和空间分析等操作可以更加全面地掌握现有站网分布情况，挖掘水文相关信息，为水文站网管理、水资源和水环境保护、涉水工程建设、防汛指挥调度等提供更为科学、准确、及时、可靠的技术支撑和决策依据，实现从物理水文到数字水文的飞跃，为智慧水文的建设奠定基础。

## （二）应用展示与分析

在进行水文站网三维可视化信息平台的设计与开发后，将平台应用于山西大同、朔州水文站网的管理中来解决目前水文站网中存在的问题。现结合同朔地区基础地理数据和水文专题数据，以问题为导向，对平台重要功能进行应用展示，并分析其效果和意义。

### 1. 系统界面

（1）系统登录界面

系统客户端软件运行后将首先弹出系统登录界面，登录界面选取真实水文测站为背景，设计简洁大方，辨识度高。在界面的下方可以输入用户名和密码，点击参数设置按钮设置好数据库连接所需的参数后，即可登录系统并通过 ArcSDE 连接大同水文空间数据库加载或获取数据。

（2）系统主界面

系统登录后将弹出主界面，主界面设计风格简单易用，符合用户使用习惯，主要由菜单栏、工具栏、状态栏以及图层管理区、主视图区、属性显示和一系列的右键菜单组成。系统菜单栏、工具栏以及右键菜单基本涵盖了功能设计阶段的八个主要功能模块，左侧窗体为图层管理区，显示了加载到平台中的同朔地区基础地理和水文站网图层，通过右键菜单或拖拽可对图层信息进行管理；右侧窗体为主视图区，加载到图层管理区的图层可以在这里浏览显示，为用户提供了一个真实的大同朔州水文站网三维场景；下侧窗体为属性显示区，用来显示或编辑选定的水文站网属性信息。

2. 数据加载输入功能应用及分析

作为数据使用端，本平台数据加载方式快捷、灵活，既可以直接从本地磁盘加载数据，也可以使用 ArcSDE 连接大同水文空间数据库从数据库获取。

点击站网图层下拉菜单中的添加图层显示了图层添加的两种方式，选择从磁盘添加则直接弹出数据加载窗口，选择相应的数据类型和磁盘位置即可将数据加载到三维可视化场景中；选择从数据库加载也将弹出相应的窗体，在成功连接数据库后将在相应窗口显示数据库数据，双击选定数据将在右侧窗口显示相应图层的字段信息和版本信息，点击下方按钮即可将所选要素加载到视图中。

3. 数据编辑处理功能应用及分析

加载到平台中的数据有些需要经过编辑处理之后才能正确地在视图中显示，所设计开发的坐标系转换和数据格式转换可以很好地满足以上需求，保证平台数据坐标系统和数据格式的统一。选择图层后将在下方文本框中显示当前坐标系，当加载到平台中的图层数据与本信息平台所选参考系不一致时，点击选择其他参考系，选择本平台所使用的参考系后点击应用即可将图层参考系转换为与本平台一致。当加载到平台中的数据为 CAD 格式时，应该将其转换成 SHP 格式在视图中显示，选择输入数据和保存路径，点击确定即可进行格式转换。

4. 数据浏览管理功能应用及分析

本信息平台的一大优势是不但可以将同朔地区的图形数据以直观的方式展示，而且能够将该地区的属性数据以属性表的形式展示，实现图文一体化管理。我们可以通过放大缩小和全屏漫游等功能对三维场景进行浏览。

5. 三维场景控制功能应用及分析

设计开发的动画与书签管理等三维场景控制功能可以实现同朔地区场景视图的快速浏览和保存，创建书签可以将热点区域保存，在书签管理窗口中可以直接定位书签位置，也可以重新创建书签或对保存的书签进行管理。

对于感兴趣的视图也可以将它们创建成动画进行播放。在动画控制器中选择动画文件，然后设置持续时间和播放模式，通过播放、暂停与停止按钮控制动画播放，同时也可以选择视频文件进行播放。

6. 查询统计功能应用及分析

（1）点击查询。该功能类似于 ArcGIS 中的识别工具，可以快速查看空间对象的属性信息。在视图中任意区域点击鼠标即可查询该区域一定范围内的站网要素并以 TreeView 的形式展示，点击要素测站编码可以获取该测站的实时雨水情数据。

（2）属性查询。属性查询可以通过 SQL 语句快速准确地定位数据，指定查询图层后，可通过选择字段名称、逻辑运算符和获取唯一值搭建 SQL 查询语句，也可在文本框中直接输入查询语句，点击确定即可查询出结果并在主视图上高亮显示。

（3）统计分析。对于选中的图层和要素，统计分析可以更加直观和具体地展示统计结果，根据图层名和字段名进行站网属性信息的常规数理统计，对于关键字段信息也可以将其以折线图、柱状图和饼状图的方式进行统计和展示。

7. 空间分析功能应用及分析

（1）缓冲区分析与叠加分析。该功能模块主要是基于矢量数据的空间分析，可以为同朔地区的水文站网管理和规划建设提供科学的技术支撑和决策依据。

在缓冲分析界面中输入源图层和缓冲带距离，经分析即可生成新的图层，添加到主界面视图中，并保存在磁盘指定位置，新的图层可以标识地理目标的影响范围。同样在叠加分析界面中选择输入图层和裁剪图层，经裁剪分析即可将两者重叠的部分提取出来，生成一个新的图层并保存到磁盘指定位置。

（2）栅格表面分析。该功能模块主要是基于栅格数据的空间分析，包括坡度坡向分析、填挖方分析、等值线分析以及曲率分析等功能，界面简单清晰，分析结果可以直接添加到视图中。通过坡向分析可以提前判断积雪融化可能造成的灾害，预先制定灾害的救援和安置方案；通过坡度分析可以提前划定坡度值较大的可能发生泥石流灾害的危险区，在暴雨等恶劣天气重点关注该区域，提前预防灾害的发生，也可通过坡度分析找出地势平坦适合引水修渠的区域；通过填挖方分析可以确定工程总量。总之栅格表面分析可以为同朔地区水文站网的建设、灾害的预防、应急救援的指挥提供科学、准确的技术支持和决策依据。以坡向分析为例，选择输入栅格数据，经坡向分析之后生成新的坡向数据集并添加到主界面视图中，根据新生成的坡向数据颜色可以分析得出各处坡向大小。

（3）空间量测。空间量测功能主要是根据鼠标的起始点测量长度、高度、面积和经纬度等信息，在三维场景中绘制测量线段或面积，测量结果可以通过窗体简洁明了地展示。以长度测量为例，点击测量窗口中图标，在三维场景中点击鼠标绘制测量路径，测出的距离是沿地形起伏的实际距离，具体信息将显示在测量窗口的面板上。

8. 数据更新功能应用及分析

本系统作为数据使用端与大同水文空间数据库联系紧密，数据编辑修改、导入导出和移除功能保证了数据的及时更新，选择导入的数据和要素集聚名称即可将平台修正处理好的数据存储到数据库，数据导出功能则可根据选择的数据和导出路径将数据库中数据导出到磁盘，数据移除功能可以将数据库中不需要的数据移除。

9. 系统帮助功能应用及分析

系统帮助功能可以在系统运行或出现问题时随时查看所需文档，提升办公效率。通过介绍我们可以快速了解系统基本信息，打开系统帮助文档可以查看系统运行时常见的问题及解决方案。

本平台包含的功能模块较多，这里只对其中部分重要功能进行了应用展示，其余功能不再赘述。本平台的建立很好地解决了当前水文站网中存在的问题，实现了多源异构数据的集成管理，构建了以真实地理环境为背景，服务于水文站网管理和防汛抗旱测报的图文一体化信息平台。在真实的三维场景中对数据进行加载输入、编辑处理、浏览管理、查询统计和空间分析等操作，不仅可以提高站网的管理水平和效率，还可以为相关部门提供及时、准确、科学、全面的技术支持和决策依据。

# 第四节　流量与水位站网规划

## 一、流量站网规划

### （一）一般规定与要求

按规划设立的流量站网必须达到以下要求：

（1）按规定的精度标准和技术要求收集设站地点的基本水文资料。

（2）为防汛抗旱、水资源管理提供实时水情资料。

（3）插补延长网内段系列资料。

（4）利用空间内插或资料移用技术，能为网内任何地点提供水资源的调查评价、开发和利用，涉水工程的规划、设计、施工，科学研究及其他公共所需要的基本水文数据。

（5）满足其他项目站网定量计算的需要。

## （二）流量站网的分类

由于河流有大小、干支流的区分，因此设在不同河流上的流量站网的布设原则也不相同。将天然河道上的流量站根据控制面积大小及作用，分为大河控制站、小河站和区域代表站。

大河控制站。控制集水面积为 3 000（湿润地区）~5 000（干旱地区）km² 以上大河干流的流量站，称为大河控制站。大河控制站的主要任务，是为江河治理、防汛抗旱、水资源管理、制定水资源开发规划以及编制重大工程兴建方案等系统地收集资料，在整个站网布局中居首要地位。大河控制站按线的原则布设。

小河站。干旱区集水面积在 500 km² 以下，湿润区集水面积在 300 km² 以下的河流上设立的流量站，称为小河站。小河站的主要任务是研究暴雨洪水、产流、汇流，产沙、输沙的规律而收集资料。在大中河流水文站之间的空白地区往往也需要小河站来补充，满足地理内插和资料移用的需要。因此，小河站是整个水文站网中不可缺少的组成部分。小河站按分类原则布设。

区域代表站。其余天然河流上设立的流量站，称为区域代表站。区域代表站的主要作用是控制流量特征值的空间分布，探索径流资料的移用技术，解决水文分区内任一地点流量特征值，或流量过程资料的内插与计算问题。区域代表站按照区域原则布设。

## （三）大河控制站

大河控制站即布站在大河干流上的水文站，也称大河干流站，是按规定控制集水面积为探索大河及沿河长水文要素变化规律，而在这些河流上布设的水文站。大河控制站是整个站网的骨架，居首要地位，规划的工作重点是确定布站数量和选定设站位置。

大河控制站网规划一般采用"线的原则"（也称直线原则）。在水文资料的应用中要求通过有限站点的实测流量内插出河流上任意断面的流量值，要满足内插精度的需要，必须研究站网布设的密度问题。按照数学内插的概念，一般情况下随着河流上布设的流量站网密度的增加流量内插的精度会提高。然而，由于流量测验误差的存在，当流量站网密度达到一定程度后，再增加测站数量，插补流量的精度不能得到相应的提高。这是由于当相邻站流量值变化小于测验误差时，这个变化无法判断是由于区间水量增减引起的还是由于测验误差引起的。因此，在一条河流的干流上布设站网，其相邻的两个测站应满足下列条件。

（1）在江河干流沿线，布站间距不宜过小，布站数量不宜过多，任何两个相邻测站之间流量特征值的变化，不应小于一定的递变率（流量递变率是指相邻的上、下游站某流量特征值之差，与上游站该特征值之比），以此确定布站数量的下限。

（2）布站间距也不能过大，布站数量不能过少，否则将难以保证按一定的精度标准，内插干流沿线任一地点的流量特征值，以此确定布站数量的上限。把上述原则汇集在一起称为线的原则。

布站数目要求：

1）大河干流流量站任何两相邻测站之间，正常年径流量或相当于防汛标准的洪峰流量递变率，以不小于 15% 来估计布站数目的上限。河流上游条件困难的地区递变率可增大到 100%~200%。

2）在干流沿线的任何地点，以内插年径流量或相当于防汛标准洪峰流量的误差不超过 5% 来估计布站数目的下限；条件困难的地区，内插允许误差可放宽到 15%。

3）根据需要与可能在上下限之间选定布站数目。

大河控制站位置确定：

当估计出布站数量的上限和下限之后，还应综合考虑重要城镇、行政区水资源管理、重要经济区防洪的需要，大支流的入汇，大型湖泊、水库的调蓄作用以及测验、通信、交通和生活条件等因素，选定布站位置。确定大河干流流量站位置应综合考虑如下因素：

任何相邻测站之间的流量特征值应保持适当的递变率，缺乏水文资料的地区也可以采用流域面积递变率代替；满足重要城镇和重要经济区的防洪、水资源管理、开发利用及水工程规划、设计、施工的需要；出入国境处和入海处，省（自治区、直辖市）的交界处；大支流的交汇处及满足大型湖泊、水库的调蓄的需要；重要水功能区和重要水资源保护区；

重点水土流失区和大型引退水工程上下游；三角洲河口区、主要出海水道及重要分流水道处；满足一定的通信、交通和生活条件。

### （四）区域代表站

区域代表站的布设原则采用区域原则。布设区域代表站的目的在于控制流量特征值的空间分布，通过径流资料的移用技术提供分区内其他河流流量特征值或流量过程。中等河流众多不可能也没有必要在每一条河流上布设测站，没有设站河流的流量特征是通过相邻流域内插获得。因为，不同水文分区，其径流特征变化很大，进行内插误差会很大，为此，需要分区布站。

（1）将一个大的流域，根据径流特征的空间变化特性，划分为若干个水文一致区，然后在水文一致区内，将中等河流的面积分为若干级，再从每个面积级的河流中选择有代表性的河流设站观测。这种布站原则称为"区域原则"（也有人称为"面的原则"），按照这种原则，一个水文分区内，其面积分级的个数就是布站的个数。

（2）在任一水文分区之内，沿径流深等值线的梯度方向，布站不宜过密，也不宜过稀。决定站网密度下限的年径流特征值内插允许相对误差采用5%~10%。决定密度上限的年径流特征值递变率采用10%~15%。

（3）对于分析计算较困难的地区，在水文分区内，可直接按流域面积分为4~7级，每级设1~2个代表站。

1）水文分区目的与作用。

在气候与下垫面长期作用下，形成的河流其水文要素必然受到双重影响，由于气候随地理坐标呈均匀连续变化，可以根据地区的气候、水文特征和自然地理条件的一致性和渐变性，划分成不同的水文区域，即水文分区。不同的水文要素如降水、水面蒸发、流量、泥沙等，可有不同的水文分区。另一方面，不同的下垫面，又使水文分区在交界处往往存在不均匀的突变。因此，依据气候、水文特性和自然条件划分的水文分区，在一个分区内，水文要素呈均匀渐变。在分区交界处则出现不均匀突变，水文分区与自然地理分区的边界，在大多数情况下是相吻合的。但有些自然分区边界处的水文要素的空间变化并没有显著差别，则这些相邻的分区应该合并为一个水文分区。

水文分区是站网规划的基础，其目的在于从空间上揭示水文特性的相似与差异，共性与个性，以便经济合理地布设水文站网。在同一水文分区进行水文要素的地理内插，可以获取精度较高的结果。但在不同分区之间不能进行内插，否则就会导致较大的内插误差，甚至导致出现严重错误。通常的水文分区主要是指在面上布设区域代表站，以满足内插径流特征值为目的的区划。

2）划分水文分区的要求。

在水文站网的初建阶段，可根据气候与下垫面条件的相似和差异进行分区，高大的山脊，山地到平原的转折，湖泊、沼泽、水网、荒漠的边缘、地质、土壤、植被、地貌形态等发生显著变化的地点常可作为分区的边界。

当具有一定数量测站和一定实测年限的水文资料时，应以内插水文要素某一精度指标为依据，确定水文分区。

当实测资料不足以用某一精度指标确定水文分区时，可以用部分水文要素和气候因素的相似性进行综合性水文分区。包括采用主成分聚类分析方法和采用其他部门的分区成果，如水利区划水资源评价分区、暴雨洪水参数图集的分区等作为站网规划的水文分区。

当水文站网密度超过容许最稀站网，且实测年限超过 15 年时，应以内插水文要素某一精度指标为依据确定水文分区。

3）划分水文分区的注意事项。

选定分区分析的水文资料应不受人为活动的显著影响，否则必须进行还原处理。分区应适当考虑河系的完整性，避免局部零碎分割，造成布站困难。分区应和站网密度分析相配合。要注意地区水文特点、自然地理条件和水资源开发利用情况。

4）分区的方法。分区的方法主要有：地理景观法、等值线图法、产流特性法、暴雨洪水参数法、流域水文模型法、主成分聚类分析法、卡拉谢夫法、流域面积分级法等。

地理景观法。在缺乏资料的地区，依照自然地理景观如山地、高原、平原、沙漠、湖泊的边界，以及地质、土壤、植被等显著变化的地方，作为水文分区的边界进行水文分区。

等值线图法。在已有一定数量水文观测资料的渔区，根据实测水文要素进行统计计算，分别绘制出其均值、离势系数等值线图，根据水文要素等值线的变化，确定水文分区。

产流特性法。根据区域产流特性，特别是降雨径流关系特性的变化，进行水文分区。凡降雨径流相关关系相同或接近者，可作为一个分区。

暴雨洪水参数法。根据计算的暴雨洪水参数的变化，进行水文分区。按产流和汇流参数相同的原则划分为一个分区。

流域水文模型法。根据流域水文模型的主要参数区域变化规律，进行定量分级以确定水文分区。

其主要步骤如下：

根据模型的主要参数与相应下垫面特征指标的相关关系，一般为流域蒸发参数与流域平均高程、地表水比重参数与流域植被率、枯季径流过程参数与地质指标、洪水过程计算参数与流域几何特征值等相关关系。将下垫面特征指标进行定量分级，一般面积级可分为 3~6 个级差。其他下垫面特征值指标，不少于 3 个级差。每个级差要设 1~2 个代表站。根据区域相关统计分析，确定允许空白范围。

经济发达地区站网宜密一些。反之，可稀一些。空白区一般应不超过 3 500~5 000 km$^2$，大于 1 000 km$^2$ 的区域代表流域，其下垫面组合复杂，产、汇流计算一般要分块进行。分级的依据可和河道汇流特征相结合，如应用马斯京根法参数与流量演算河段数相关关系进行分块等。

根据分级要求及规划区的下垫面实际情况，用筛选法等进行优选。

主成分聚类分析法。聚类是将数据分类到不同的类或者簇的一个过程，所以同一个簇中的对象有很大的相似性，而不同簇间的对象有很大的相异性。从统计学的观点看，聚类分析是通过数据建模简化数据的方法。主成分聚类分析是在分区内选取部分样点，并求其水文特征值，以此组成因子矩阵，并经过线性变换与组合，求其主成分，根据主成分的聚类特性，同样点及其代表的范围就构成水文分区。

卡拉谢夫法。卡拉谢夫法是依收集资料的重复程度最小化与内差精度之间的平衡关系，通过一定的假设确定流域内应布设的流量站数目。

流域面积分级法。对于分析计算较困难的地区，在水文分区内可简单地按流域面积进行分级，一般情况下，分为 4~7 级，每级设 1~2 个代表站。

（4）水文分区的合理性检验。对于有资料地区，应充分利用现有测站的主要水文特征资料对水文分区的合理性进行分析检验，检验的允许相对误差为：正常年径流深的 5%，年径流量的 10%，月径流量、次洪量、洪峰流量的 20%。检验的合格率至少为 70%。

布设代表站位置要求，选择布设代表站的河流和河段位置应综合考虑以下因素：

1）有较好的代表性和测验条件。

2）能控制径流等值线明显的转折与走向，尽量不遗漏等值线的高低中心。

3）测站控制集水面积内的水工程少。

4）无过大的空白地区。

5）综合考虑满足防汛抗旱、水资源管理、水工程规划、设计和管理运用等需要。

6）湿润地区集水面积在 200~3 000 km$^2$，干旱地区集水面积在 500~5 000 km$^2$。

7）集水面积大于 1 000 km$^2$ 的跨省（自治区、直辖市）界河流，且省（自治区、直辖市）界以上集水面积超过该河流面积的 15%，有水资源管理、保护的需要；跨市、县界河流及小于 1 000 km$^2$ 的河流宜根据水资源管理的需要。

8）中小流域水环境、水资源保护的需要。

9）农业灌区、工矿企业、大型居民区等的用水需求。

10）尽量照顾交通和生活条件。

测站数目上限。考虑到测站的测验误差，为满足任何相邻级别的测站，其径流特征值应保持一定的递变率，才能使集水面积变化引起的径流量差别不为测验误差所淹没，因此，推导出布设测站数目上限。

测站数目下限。按区域原则布设流量站网的目的是根据站网内观测的资料，可内插出无测站河流的各种流量特征值。因此，布站时必须考虑地理内插的精度要求。根据区域原则内插精度要求，在概化流域形状和测站布设位置后，推导出的测站数目下限。

（5）卡拉谢夫法的基本假设。设某个研究区域能够满足以下条件：

1）年径流深系列是一个连续的随机变量，在面上的分布具有随机均匀场，可用一个均值和偏差表。

2）各点年径流深系列的方差可近似为常数。

3）各点年径流深及其长期平均值，在各流域中心用线性内差是一个有效的方法（各点年径流深相关系数仅与距离有关）。

4）用于内插的两个测站的径流深误差之间不存在相关。

（6）卡拉谢夫法的3个准则。

1）临界最小面积准则。随着流域面积的减小，非分区性的局部自然地理特性将增大，会削弱径流的区域规律。因此，测站控制的面积不能太小，否则布站变得无意义，即要求区域代表站控制的流域面积应大于某临界最小面积。

根据不同的自然分区，已知不同，如我国《水文站网规划技术导则》规定，区域代表站湿润地区为$200 \text{ km}^2$，干旱地区为$500 \text{ km}^2$。也可采用回归分析确定。

2）梯度准则。由于测验存在误差，因此要求相邻的两个测站之间的正常年径流深变化要大于其测验误差，即相邻站实测的径流深要有显著的变化梯度。梯度准则的实质是要求测站控制的面积不能太小。

3）相关准则。随着相邻测站间距离的增加，径流深度的相关性会减弱，甚至会消失。为满足相关法插补年径流量的精度，要求相邻测站间距离不能太大，即有一定的站网密度，相关准则要求测站控制的面积不能太大。

（7）研究流域内区域代表站布设数目确定。

小河站的布设采用"分类原则"。在大河和中等河流区域代表站之间的空白地区，需要布设小河站。小河站是整个水文站网中不可缺少的组成部分,因其设施简易、投资低,可以灵活地在不同地区设站。布设小河站网的主要目的在于收集小面积暴雨洪水资料,探索产、汇流参数在地区和随下垫面变化的规律,为研制与使用流域水文数学模型提供不同地类的水文参数,以满足广大的无实测水文资料的小流域防洪、水资源管理、水利工程的规划、设计咨询。

1)小河站宜采用分区、分类、分级布设,分区、分级可以不受行政区划限制。

2)小河站应在水文分区的基础上,参照影响其产、汇流的下垫面的植被、土壤、地质等因素进行分类,再按面积分级。定量指标可用植被率、地质特性指标(一般用基岩面积比)、土壤特性以及石山所占面积比等。其分类数目根据产流参数分析确定。

3)一个省(自治区、直辖市)至少有一套分类、分级小河站网。对于本省(自治区、直辖市)中某些范围不大,且对国民经济影响较小的下垫面类别,可与邻省(自治区、直辖市)协作,按面积级差共同布设一套。

4)小河站的分区,一般应根据气候分区、下垫面分类、面积分级等因素确定布站数量。

小河站站址的选择应符合下列要求:代表性和测验条件较好。人类活动影响程度小。面上分布均匀。按面积分级布站时,要兼顾到坡降和地势高程的代表性。尽量照顾交通和生活条件。

由于一个地区小河数目很多,如果下垫面变化复杂,可能分布设很多小河站。卡拉谢夫法认为,小河站的数目以区域代表站和大河控制站数之和的 15%~30% 为宜。

### (五)平原区水文站

平原区水文站网的布设原则与水平衡区划分,平原区天然河流与人工水体相互贯通,用集水区域及总测量办法已不能有效地探清水文规律。经过多年的实践,探索出了以水平衡区为观测对象,以水量平衡原理为基本工具,对进出水平衡区的水量进行观测,研究水平衡要素的变化规律的途径。因此,平原区水文站网的布设应按水量平衡和区域代表相结合的原则进行。平原区的水文测验对象应是水平衡区。水平衡区可分成大区、小区和代表片三级。大区是在统一规划下进行水利治理、水资源统一调度的区域;小区是在大区中按土壤植被和水力条件来划分的区域;代表片是由周界线封闭而成的一个面积较小的水平衡区,其产、汇流特性可以被一个或几个小区移用。一般可将水资源供需平衡区作为水量平衡大区。大区面积过大者可划分为若干中区或小区,均以能算清水账、可以进行三水(降水、地表水、地下水)转化分析研究为依据。对于某些进出口门很多,且观测困难的水平衡区,可在控制线、区界线上只布置单向(进或出）观测点（包括辅助站），通过移用邻区产、汇流参数或在区内设代表片探求有关参数，然后采用测算结合途径实现水量平衡计算。水平衡区的周界线，可按水平衡范围的大小分成大区控制线（简称控制线）、小区区界线（简称区界线）、代表片封闭线（简称封闭线）三种。

周界线设置的主要技术要求：

（1）路线的走向应沿水平衡区的周界形成封闭的外包线。

（2）不同种类的周界线尽可能综合布设。

（3）路线的走向充分结合原有的基本水文站，充分考虑公路、桥堤、堰闸、泵站等建筑物设施，进出口门最少。

代表片的选择要求：代表片的地形、土壤、植被、水利设施等在水平衡区内要有代表性。代表片内尽量避免有湖泊等大水体，封闭线不要切割大的河（渠）道。代表片的面积大小，一般情况下，当外来水量较小时，可为 300~500 km$^2$；封闭条件差、外来水量较大时，可扩大到 1 000 km$^2$。代表片内应设立配套的水位、雨量和水面蒸发站。

水平衡区划定后，要根据具体情况，在周界线上设立基本站和辅助站。对水平衡区的进出水量起控制作用的观测点作为基本站。一条周界线上可在主要河道口门上布设若干个基本站，它们的总进（出）水控制量占全水平衡区进（出）水量的10%~15%。在一些进出水量较小的口门上，设置仅对基本站网起配合作用的辅助站辅助站，可以利用已建的堰、闸、抽水站等，也可以借助于辅助站与基本站相关关系来简化测流。水平衡区内的基本水位站网应满足控制区内等水位线变化及估算河网蓄水变化。在平原坡水区，水文分区内的布站数确定办法为：对河渠网密度及机井密度进行分类，按流域面积进行分级，按分类分级方法布设代表片。还要考虑到面上分布的均匀性及代表的综合性。在被选定的研究三水（降水、地表水、地下水）转化关系的代表片或小区内，要布设配套的土壤含水量、灌溉回归水量等观测点网。

平原区水文站的布设应综合考虑暴雨洪水内涝易发区、大型灌区引退水口、行政区界、河网区重要水道及主要出海口治理、水资源、水生态保护等因素。

## （六）水库水文站

列入基本水文站网的水库水文站是长期观测，以提供水位、蓄水量、进出库水沙量和库容冲淤变量等水文资料的水文测站。水库水文站的任务是多目标的，既为工程管理、防汛抗旱、水文情报预报和水资源管理开发利用服务，又要能系统地积累水文资料，以研究水文规律和资料内插移用，发挥河道基本水文站网的作用。水库建成后对河流形势和水文状况都将带来不同程度的影响和变化，因此有条件的水库设立基本水文站十分必要。

大型水库应设立入出库站，重要的中型水库宜设入出库站，大型水库泥沙问题突出时可设水沙因子研究站，其他水库是否设站可根据防洪抗旱、水资源管理需要而定。在布设河道区域代表站有困难，且站网密度不足的水文分区内，应选择符合条件的水库水文站作为区域代表站。所选择建设水文站的水库，其坝址控制集水面积，湿润地区要求大于 200 km²，干旱地区要求大于 500 km²。作为区域代表站的水库水文站，所提供的洪水流量过程、次洪水总量和月径流、年径流资料应能具有或可还原成代表河道站的资料。要求选择在入库洪峰变形小，库内坝前水位代表性好，库面比和库形系数小的水库上。

水库集水区内水工程影响小。库区地质条件和大坝施工质量较好，没有严重的漏水现象。库容曲线比较稳定，泥沙淤积量较小，年淤积量不大于兴利库容的 2%。

### （七）流量站设站年限分析

按观测年限，流量站分为短期站和长期站。长期站应系统收集长系列样本，探索水文要素在时间上的变化规律；短期站能依靠与邻近长期站同步系列间的相关关系，或者依靠与长系列资料建立转换模型，展延自身的系列。通过有计划地转移短期站的位置，可逐步提高站网密度，实现对基本水文要素在时间和空间上的全面控制。

决定测站是否能够撤销，主要是审查它对站网整体功能的影响，要分析自身的资料系列是否达到要求，测站是否达到设站目的，或测站受工程影响是否能满足防汛抗旱、水资源管理要求。同时，还要顾及其他观测项目的需要，如流量站必须考虑计算泥沙水质等输移量的需要，配套雨量站、蒸发站必须与相应的流量站并行观测等。

大河控制站、集水面积在 1 000 km² 以上的区域代表站，大型水库的基本站、基准站，除个别达不到设站目的者，都必须列为长期站。有重要作用的小河站和集水面积在 1 000 km² 以下的区域代表站，也可列入长期站。集水面积在 1 000 km² 以下的区域代表站，若没有防汛、水资源管理任务而又达到了下列全部要求，可以撤站或迁移到其他需要设站的地点进行观测。

（1）已测得 30~50 年一遇及以下各级洪水的系统资料，求得了稳定的产流、汇流参数。

（2）用统计检验方法确定设站年限，其多年平均值的抽样误差不超过 10%，保证率不低于 70%。

（3）撤站后如出现较大空白区，则应有其他迁移设站的替代方案。

用统计检验方法确定短期站的设站年限，可借用邻近长期站的资料系列进行估计。

没有水情任务，单纯为收集暴雨洪水资料的小河站，在已测得 10~20 年一遇及以下各级洪水资料，并求得了比较稳定的产流、汇流参数，可以停测或转移设站位置。凡未达到容许最稀站网密度的地区，一般不宜撤销已有测站，如必须撤销时，应调整到新的站址观测。

## 二、水位站网规划

### （一）基本水位站

在大河干流、水库、湖泊等水域上布设水位站网，主要用以控制水位的转折变化。既要满足水位内插精度要求，也应使相邻站之间的水位落差不被观测误差掩盖，以此为基本原则确定布站数目及其位置。水位站网的规划还应考虑防汛抗旱、分洪滞洪、引水排水、航运、木材浮运、河床演变、水工程或交通运输工程的管理运用等方面的需要。

水位站设站数量及位置，可在流量站网中的水位观测项目的基础上确定。基本水位站的设站位置，可按下述原则选择：

（1）满足防汛抗旱、分洪滞洪、引水排水、水利工程或交通运输工程的管理运用等需要。

（2）满足河流沿线任何地点推算水位的需要。

（3）尽量与流量站的基本水尺相结合。

### （二）水库水位站

水库、湖泊水位站宜单独布设。水库水位站的布设，以能反映水库各级水位水面曲线的转折变化为原则，并符合下列规定：

（1）坝前水位站应设在坝前跌水线以上，水面平稳、受风浪影响较小、便于观测处；坝前水尺宜兼做泄（引）水建筑物的上游水尺；坝前水位站一经选定，不应变迁。

（2）库区水位站布设，应符合下列规定：

1）常年回水区除应观测坝前水位外，还应在水库最低运用水位与河床纵剖面交点下游附近布设水位站；如常年回水区较长，可在两站之间适当增设水位站。

2）变动回水区布站数，应能反映水库各级运用水位水面曲线的转折变化，宜设 3 个水位站，即上、中、下段各设一个，上段站宜设于正常蓄水位回水末端附近，下段站宜设于最低运行水位附近。如变动回水区河段较长，可适当加密水位站。

3）水库主要支流入汇口处，应布设水位站。

4）对于综合利用和有泥沙问题的大型水库，或大型水电站在运用上有特殊需要，库区水位站可适当增加。

5）库区水位站应尽量与其他观测断面结合布置。其位置应选在岸边稳定、便于观测并避开对水位有局部影响的地方。

湖泊水位站布设数量以能反映湖泊水面曲线折转变化为原则。湖泊代表水位站的水位应能代表湖泊的平均水位。湖泊较大支流汇入处应布设水位站。

### （三）其他水位站

（1）河口、沿海等潮位站宜独立布设。潮位站的布设应选择在潮流界、潮区界附近，汊道口，汇流口，分流口，以及能灵敏反映潮汐水面线变化过程的位置。布站数目应根据观测目的和控制潮位变化过程曲线确定。

（2）对水资源配置有较大影响的闸坝工程应布设闸坝水位站。闸坝水位站的布设应以满足水量测算等水资源管理需求为原则，可在闸坝上（前）、下（后）分别布设。

（3）对城镇居民区和工矿企业等重要防护目标存在洪水灾害威胁的河流，以及易发生内涝的城市建成区，应布设水位站。水位站的设立地点应满足防洪的需要。

（4）处于国家重要粮食生产基地和大型牧区的河流，以及作为城镇生活、生产水源的河源，应规划布设水位站。

# 第五节　雨量和水面蒸发站网规划

## 一、雨量站的分类

### （一）按设站目的分

雨量站按设站目的分为面雨量站和配套雨量站两类。

（1）面雨量站（也称基本雨量站）是为控制雨量特征值（如日、月、年降水量和暴雨特征值等）大范围内的分布规律而设立的测站。这类站应长期观测。

（2）配套雨量站主要是为了分析中小河流降雨径流关系，与小河站及区域代表站相配套而设立的雨量站。要求配套雨量站应能较详细地反映暴雨的时空变化，求得足够精度的面平均雨量值，通过同步观测，以探索降水量与径流之间的转化规律。因此，配套雨量站还要求有较高的布站密度，并配备自记仪器，对降雨过程的记录要求更加详细。

## （二）按观测时间分

雨量站占按观测时间分为常年雨量站和汛期雨量站两类。

（1）常年雨量站全年内观测降水量，基本雨量站一般为常年雨量站。

（2）汛期雨量站大部分为防汛而设立，只在汛期观测，或为小河站配套而设立。在非汛期当小河站停止观测时，这类雨量站也停止观测。

## （三）雨量站网的布设密度

（1）雨量站网的布设密度应根据现有资料条件，选择适宜的方法分析论证。在有足够稠密站网试验资料的地区，可用抽站法进行分析；在具有一般站网密度的地区，可用平均相关系数法、最小损失法、锥体法、流域水文模型法等进行分析。

（2）用上述方法分析雨量站网密度所涉及的各种指标，可参考本地区的资料条件、生活条件、设站目的。

（3）在不具备分析条件的地区，可结合设站目的和地区特点选定布站数目。面雨量站应在较大范围内均匀分布，平均单站面积宜不大于 200 km²，按每 300 km² 一站（荒僻地区可放宽）的密度布设。观测困难的高山雨量站可以采用累积雨量器。

## （四）几种雨量站网规划方法简介

（1）抽站法

当某一地区有足够密度的雨量站时，可利用所有雨量资料计算平均雨量，作为该地区"近似雨量真值"，再按不同的容量（站数）进行抽样，并计算抽样后的面平均雨量与"近似雨量真值"的抽样误差，并建立雨量站密度和抽样误差之间的关系（可建立经验公式），当给定了允许误差，就可通过已建立的关系求得布站数量。

该法概念明确，计算简单，但该法计算结果可靠的前提是有足够的雨量站，如果研究的地区雨量站网达不到有"足够密度的雨量站"，计算结果可能会不可靠。

（2）平均相关法

根据重复抽样的概念，可导出使平均面雨量误差不超过一定允许值情况下最少的雨量站数量。

（3）最小损失法

在一定大小的面积内，雨量站密度越大，计算的面平均雨量或内插雨量的精度越高。同时，建设管理雨量站的费用支出也越高。反之，站网密度越低，管理运行费降低，但计算的面平均雨量或内插雨量的精度就降低。这样就存在着一个最优布站数，使上述两项损失之和最小。

### （五）雨量站的站址选择

（1）雨量站的站址要求

1）面雨量站应在大范围内均匀分布，配套雨量站应在配套区域内均匀分布。

2）应能控制与配套面积相应的时段雨量等值线的转折变化，不遗漏雨量等值线图经常出现极大或极小值的地点。

3）在雨量等值线梯度大的地带、对防汛有重要作用的地区，应适当加密。

4）暴雨区的站网应适当加密。

5）区域代表站和小河站所控制的流域几何中心附近，应设立雨量站。

6）站址应选在生活、交通和通信条件较好的地点。

（2）布设降水量站应考虑的其他因素

1）为水资源管理和水量平衡计算服务的降水量站网应与相关站网同时规划，以满足降水量与径流之间转化规律分析需要。设站数目应在满足面降水量站密度要求的基础上适当加密。

2）对城镇、企业等存在洪水威胁的河流，人口较密集的村镇上游，地质条件不稳定、下游有密集村镇的中小河流暴雨区，降水量站的布设应按配套降水量站的要求进行，并根据需要适当增加以满足防洪减灾的需要。

3）处于国家重要粮食生产基地和作为城镇生产、生活水源的河流，规划的降水量站应满足用于旱情监测和水文情势分析的要求。

4）在城市防洪，牧区旱情监测，国家地质公园、自然风景区、生态环境保护区等科学研究方面有需求的地区，应布设降水量站。

5）雷达测雨控制的区域内应布设一定数量的地面降水量校正站，布设数目应能满足准确推算区域内面降水量精度的要求。

## 二、水面蒸发站网规划

蒸发的观测项目有陆上水面蒸发、湖泊和水库库面等大型水体蒸发、土壤蒸发、潜水蒸发等。以下仅介绍陆上水面蒸发站网规划。

布设水面蒸发站网应以能控制蒸发量的变化为原则，并满足面上流域蒸发计算的需要和研究水面蒸发的地带规律。在确定水面蒸发站网密度之前，应对蒸发进行水文分区。水面蒸发站网密度应根据本地区的分析成果确定。可用新安江流域模型或其他在当地经过验证适用的模型，移用不同距离的蒸发站资料所取得的不同计算精度与移用距离建立相关关系来确定蒸发站网密度。一般 $2\,000{\sim}5\,000\ km^2$ 设一站，平原水网区为水量平衡研究的需要可采用 1 500 km² 设一站。一般情况下水面蒸发站代表性较好，能被移用范围大。站址选择时主要考虑它在空间较大范围的代表性，代表性好的水面蒸发站，在某个范围内应具有地形平均梯度较小，面积高程关系变化连续均匀的条件。对于干旱、边远及高山区，根据水面蒸发等值线图及其他的有关分析成果和设站条件，确定适当的密度和进行代表性分析。

1. 水面蒸发站的布设，应符合以下要求。

（1）水面蒸发站在高程、空间、气候、温度等方面代表性好，观测成果被移用范围大。

（2）水面蒸发站网应与相关站网相协调。

2. 布设水面蒸发站应综合考虑以下功能需求。

（1）在已布设蒸发站的流域内有大型水库、湖泊时，应重点规划布设。

（2）干旱地区和重要饮水区、粮食主产区、大型牧区应适当加密。

# 第六节　泥沙与地下水站网规划

## 一、泥沙站网规划

泥沙站与流量站的分类一致，即大河泥沙控制站、泥沙区域代表站和小河站。泥沙站网的布设可仿照流量站网的规划方法进行。

### （一）大河泥沙控制站

在大河干流上，可根据多年平均年输沙量的沿程变化，按直线原则估计布站数目的上限和下限，并根据需要从现有流量站中选定泥沙站。并满足如下要求：

（1）以任何两相邻测站之间，多年平均年输沙量的递变率不小于 40% 为原则，估计布站数目的上限。干流上游条件特别困难时，递变率可增加到 100%~200%。

（2）在干流沿线的任何地点，以内插年输沙量的误差不超过 ±10% 为原则，估计布站数目的下限，在条件特别困难的地区，内插的允许误差可放宽到 ±20%。

### （二）泥沙区域代表站和小河站

一个水文分区内泥沙区域代表站，以控制输沙模数的空间分布，按一定精度标准内插任一地点的输沙模数为主要目标，采用与流量站网布设相类似的区域原则，确定布站数量。并考虑河流代表性，面上分布均匀，不遗漏输沙模数高值区和低值区。可按下述要求估计布站数目，从相应的流量站网中选择泥沙站。

（1）沿多年平均年输沙模数的梯度方向，任何两相邻测站之间输沙模数的递变率以不小于 30% 为准则，估计分区内布站数目的上限。在输沙模数很小，但递变率很大的地区，递变率可增大到 40%~50%。

（2）在分区内任何地点，以内插年输沙模数的误差不超过 ±15% 为准则，估计分区内布站数目的下限，在条件特别困难的地区内插的允许误差放宽到 ±25%。

（3）根据需要与可能以控制输沙模数在面上的变化为准则，从现有流量站网中选定泥沙站。

（4）为弥补区域代表站控制作用之不足，可以选择一部分小河流量站，作为小河泥沙站。

### （三）特殊河段泥沙站

除按上述递变率和内插要求确定布站数外，对于重要河流上重要河段的流量站均应根据需要与可能观测泥沙。在不具备分析论证条件的地区，可按下述方法确定泥沙站的数目：

（1）在强侵蚀地区，应选不少于 60% 的流量站作为泥沙站。

（2）在中度侵蚀区，可选择 30%~60% 的流量站作为泥沙站。

（3）在轻度、轻微侵蚀地区，可选择流量站的 15%~30% 作为泥沙站。

### （四）泥沙站选择条件

下列流量站宜全部选作泥沙站。

（1）流经中度侵蚀及以上地区，两岸及下游有重要城镇等防护目标的大江大河干流，自河流进入侵蚀地区以后的流量站。

（2）流经地质条件不稳定的山区，下游有城镇、企业、居民集聚区分布的中小河流上的流量站。

（3）位于国家确定的水土流失重点监测地区内的流量站。

（4）作为城市生活、生产用水的主要水源河流，取水口附近及上游对取用水有影响的流量站。

（5）位于水生态保护和修复范围内，年平均含沙量大于 1 kg/m³（轻度和微度侵蚀地区可按 0.5 kg/m³）的流量站。

（6）水文空白区内新设的流量站。

（7）处在航运河流的流量站。

（8）主要水道及对出海口治理非常重要的流量站。

## （五）泥沙颗粒分析站

（1）凡进行泥沙测验的大河控制站、中等以上支流控制站和位于拟建大型水利枢纽工程河段的站、重要灌区的出口站、水土流失严重地区的站，应进行泥沙颗粒级配分析。

（2）凡列入基本站网的水库站，均应按规定实测水库冲淤变量和出库沙量，并进行颗粒级配分析。

## （六）河道测验断面布设

多沙河流的下游河道及有重要防汛任务的河段，布设河道测验断面密度应满足河床演变分析的需要。

# 二、地下水站网规划

地下水站监测地下水水位、地下水开采量、泉流量、地下水水温和地下水水质等项目。地下水站分为基本站、专用站、实验站和辅助站。基本站组成基本站网，其任务是完整地掌握地下水位动态变化，探求地下水运行规律。专用站为特定目的而设立。实验站是为深入研究某些问题而设立的一个或一组地下水观测站。辅助站是为了弥补基本站网密度之不足，在基本站之间设立。

经规划而布设的地下水站网，应为国土整治、流域规划、生态环境保护、地下水动态预测、地下水资源的科学评价与合理开发利用提供基本资料；为防止地下水持续升降而引起的咸水入侵、水质恶化、次生盐及地面沉降等不良后果，提供科学依据。

## （一）地下水类型区

地下水类型区可划分为基本类型区和特殊类型区，基本类型区和特殊类型区可相互包含或交叉。

（1）基本类型区。基本类型区可分以下两级。

1）根据区域地形地貌特征，可分为山丘区和平原区两类，为一级基本类型区。

2）根据次级地形地貌特征及岩性特征，平原区可分为冲洪积平原区、内陆盆地平原区、山间平原区、黄土台区和荒漠区五类；山丘区可分为一般基岩山丘、岩溶山区和黄土丘陵区三类，为二级基本类型区。

（2）特殊类型区。特殊类型区包括：建制市城市建成区、大型地下水供水水源地、地下水超采区、海（咸）水入侵区、次生盐渍化区、地下水污染区、地下水位漏斗区、地面沉降区、生态脆弱区以及地温异常区和矿泉水分布区等需要重点监测的地区。

## （二）地下水开发利用程度

地下水开发利用程度可分为超采区、高开采区、中等开采区和低开采区。地下水开采利用程度是指地下水开采量与相应区域地下水可开采量之比，该比值大于100%的地区为超采区，70%~100%的地区为高开采区，30%~70%的地区为中等开采区，小于30%的地区为低开采区。超采区和高开采区应重点布设地下水站。

## （三）站网布设密度

地下水站网规划应首先考虑按规划图的比例尺进行。规划时，应在地下水类型区划和开采利用程度分类的基础上，根据规划目的和规划区经济发展水平，选定规划图的比例尺。

地下水监测站网规划图的比例尺，应按下述原则选定。

（1）特殊类型区，超采区和高开采区，水文地质复杂且需要研究地表水与地下水转化关系的地区宜选用 1 ： 20 万比例尺的规划图。按该比例尺规划的站网，单站面积应不大于 50 km²。

（2）基本类型区中的平原区中的冲洪积平原区、内陆盆地平原区和山间平原区，中等开采区和低开采区、仅有一般需要的地区宜选用 1 ： 50 万比例尺的规划图。按该比例尺规划的站网，单站面积应不大于 100 km²。

（3）基本类型区中的山丘区及平原区中的黄土台区和荒漠区，为控制较长时段内地下水在大范围内的分布状况和变化规律地区宜选用 1 ： 100 万比例尺的规划图。按该比例尺规划的站网，单站面积应不大于 500 km²。

4. 地下水站布设应遵循的原则

（1）在各个类型区内，沿平行于水文地质条件变化最大的方向，应布设主观测线；在一般情况下应以能判断两个监测站之间水文地质条件为原则，确定布站间距。然后，应在垂直于主观测线的方向，设置辅助观测线，布站间距可适当放宽。

（2）在各类型区内水文地质条件比较简单时，宜均匀布站；在不同类型区交界地带，地下水异常地带，应加密布站。

（3）应在平面上，点、线、面相结合，在垂直方向上形成不同深度层面的立体观测网。

（4）在国家粮食主产区、大型灌区、重要城镇供水水源地、大中型矿区、水源性地方病多发区、地下水漏斗区、次生盐渍化区应加密布设。

（5）在每一类型区域不同开采水平的地区，应选择少量具有代表性的地下水站，进行地下水开采量的监测。

（6）具有较大供水意义的泉和具有特殊观赏价值的名泉，宣布设泉流量监测站。

（7）南方湿润区的地下水利用量很小的地区，可按上述有关规定适当降低布设密度。

# 第七节　墒情站网规划

墒情站是监测土壤含水量的水文测站。规划的墒情监测站网应能完整收集土壤墒情信息，以满足抗旱减灾、水资源管理、国家粮食生产安全、水利建设规划、畜牧业发展等方面的需要为原则。

## 一、站网密度

墒情站网的布设密度应根据历史上旱情和旱作农业、牧业的分布情况及耕作面积确定，或按行政区划确定。

（1）按耕作面积规划的墒情站网，最低布设密度可按下列要求控制。

1）山丘区，单站控制耕作面积不大于 30 000 km$^2$。

2）丘陵区，单站控制耕作面积不大于 50 000 km$^2$。

3）平原区，单站控制耕作面积不大于 90 000 km$^2$。

国家粮食主产区和易旱地区，墒情站网密度应在上述同类型地区墒情站网最低布设密度指标基础上适当加密。

（2）按行政区划规划的墒情站网最低布设密度为国家粮食主产区和易旱地区，3~5 站/县；一般地区，2~3 站/县。

## 二、布设要求

墒情站应区别考虑灌溉耕地（或牧场）和非灌溉耕地（或牧场）的墒情监测。墒情站宜均匀分布，位置应相对稳定，以保持墒情监测资料的一致性和连续性。

进行墒情监测代表性地块的选择应考虑地貌、土壤、气象和水文地质条件，以及种植作物的代表性。

　　山丘区代表性地块应设在坡面比降较小而面积较大的地块中；平原区代表性地块应设在平整且不易积水的地块。

　　在墒情站出现脱墒及其他特殊情况时，可临时根据土壤、水文地质条件、作物种类代表性、旱情轻重等情况选定代表性地块进行监测。

　　墒情站网规划应综合考虑与相关水文站网的协调、配套。

# 第四章　地下水环境监测网规划与优化

地下水环境监测是地下水环境研究的基础工作，地下水环境监测的可靠性直接影响地下水环境评价工作，影响我们对地下水环境变化的客观认识和重大决策的制定。本章主要对地下水环境监测网规划与优化进行深入的研究探讨。

## 第一节　地下水环境监测网概念

地下水环境监测是我们认识研究区的水文地质条件、含水层系统结构、地下水环境要素的变化规律的先决条件，是地下水环境评价、预测、数值模拟，地下水污染分析，地下水污染防治的重要基础。

### 一、基本概念

传统的地下水定义指埋藏于地面以下孔隙、裂隙、溶隙含水层中潜水面以下的饱和层中的重力水，仅仅研究饱和含水层中自由流动的水、非饱和带的水则属于土壤水研究范畴。由于地表以下土壤和岩土介质属于多孔介质，水进入多孔介质体系内，其运动均遵循达西定律，饱和岩土介质中的地下水处于正压状态，而非饱和土壤中的地下水处于负压状态，可以用压力变量统一描述土壤水和饱和地下水问题，因此，现代地下水研究包括土壤水和饱和含水层中的地下水。现代地下水指埋藏于地表以下各种形式的水。

地下水污染是指人类活动引起地下水化学成分、物理性质和生物学特性发生改变而使地下水质量下降的现象。关于地下水污染的定义目前尚不统一，美国地下水基金会网站关于地下水污染的定义为：地下水污染是指人类活动的产物如汽油、石油、道路用盐、化学品等进入地下水，导致地下水不安全或不适宜人类使用。根据中国地质调查局发布的《地下水污染地质调查评价规范》，地下水污染定义为：在人类活动影响下，地下水水质向着恶化方向发展的现象。也有学者提出，地下水污染涉及水质标准，即地下水污染是指人类活动的影响使其溶解的或悬浮的有害成分的浓度超过了国家或国际规定的饮用水最大允许浓度。然而这种定义是有缺陷的，当地下水在污染初期尚未达到或超过规定标准，但已接近规定标准时，这只是一个污染程度问题，尤其对天然地下水中不存在的有机污染物来说，只要在地下水中检出，不管水质是否超标，都表明地下水已经受到污染。如果地下水中有害组分如重金属、有机污染物、放射性物质、病毒等超过背景值，不管水质是否超标，都表明地下水受到污染。

地下水污染源包括自然污染源和人为污染源。地下水处于岩土介质中，地下水的运动过程是一种水—岩相互作用过程，因此，地下水运动过程会在地下发生物理过程、化学过程和生物过程。天然情况下，地下水中的物质成分取决于岩土介质中的物质组分。而岩土介质中的物质取决于岩土介质的来源和形成条件，如沉积岩、变质岩和火成岩（岩浆岩和火山岩）。土壤包括机械风化作用形成的土壤和化学风化作用形成的土壤，土壤形成条件不同，其物质组成不同。天然地下水污染是指天然污染源导致地下水某些化学组分浓度超标，如源于溶解性含水层的矿化、源于断层或火山区的地下水、通过植物或潜水面的蒸散发、含水层之间水力交换（天然污染源）等。在天然条件下，地下水与岩土介质的固—液相互作用处于动平衡状态，当人类活动如抽水、地下水补给等，改变了地下水环境，打破了固—液相互作用的动平衡状态时，岩土介质中的某些有害物质就会被解吸出，富集到地下水中，导致地下水污染，这种污染称为间接污染，如滨海地区过量抽取地下水，导致咸水入侵，咸水环境下含水层中的放射性镭就会被解吸到地下水中，造成地下水中放射性镭的富集。直接地下水污染是指存在污染源，各种污染源通过各种途径或通道进入地下水中，导致的地下水污染，如污染的地表水体通过地表水域与地下水相互作用进入地下水，导致的地下水污染；通过土壤入渗进入地下水；通过井、泉等通道进入地下水；通过地下储油罐泄漏、垃圾填埋场渗漏、污水处理厂渗漏等进入地下水。

地下水环境是指地下水及其赋存空间环境在地质作用和人类活动作用、生态系统、地表水系统影响下所形成的状态及其变化的总称。

地下水环境监测是指为了掌握地下水环境的变化规律，通过井、活泉对地下水量、水位、水温、水质等的实时采样和测定过程，可分为在线监测和离线检测。而地下水污染监测是指针对特定污染源可能导致地下水的物理、化学和生物成分发生变化而进行采样检测或在线实时监测的程序化过程。

地下水采样是指为检验地下水各种环境要素，从地下水中采集具有代表性水样的过程。因此，地下水的采样方法尤为重要，一要考虑地下水的类型，如潜水、浅层承压水及深层承压水；二要考虑污染物的类型及地下水中的状态，包括溶解态、吸附态、挥发态和自由态，如浮在地下水面附近的轻非水相液体（LNAPLs）和重非水相液体（DNAPLs）等。

区域地下水污染监测一般指为了解区域地下水污染时空变化的趋势性特征而设立的地下水污染监测体系。

## 二、地下水环境监测

地下水环境监测包括监测目的、监测孔的空间密度和监测频率、监测要素、污染物的采样方法以及分析方法等。

### （一）地下水环境监测的目的

（1）监测地下水水位和化学组分在时间上和空间上的变化，为地下水资源规划和管理提供信息。

（2）监测人类活动（尤其是重大工程）导致的地下水水质和水量变化，为地下水资源开发利用提供依据。

（3）监测地下水水位变化，确定人工地下水补给和排泄方案，目的是将地下水水位控制在最佳水位，以满足灌溉用水需求。

（4）监测降落漏斗的变化，设计满足用水需求的最佳抽水方式。

（5）监测污染源区地下水污染物的时空变化，为控制地下水污染源提供依据。

（6）针对地源热泵区，监测地下水温度变化，提供控制对策。

（7）为专门的研究目的收集数据，如地表水和地下水水力关系的调查、井群抽水试验、地下水渗流和污染物迁移模型的校正等。

### （二）地下水环境监测孔的空间密度和监测频率

地下水环境监测中，监测孔的空间密度和监测频率的选择尤为重要，其代表性对于环境评价、地下水污染物迁移数值模拟研究具有重大意义。在一个地区的地下水环境研究中，地下水监测孔的空间密度和监测频率构成了地下水环境监测网。地下水环境监测网研究主要是监测网的优化设计问题，而优化设计取决于监测网的分级和监测目的。

（1）地下水环境监测网的定义：地下水环境监测网为收集地下水环境及其变化信息（化学组分、微生物组分、水位、水量、水温等数据）的有组织的系统。

（2）地下水环境监测网分级：根据地下水环境监测目的的不同，将地下水环境监测网分为三个等级。

1）一级地下水环境监测网：全国和大流域性地下水环境监测网，主要监测区域性地下水环境变化的趋势性信息，为区域规划、流域水环境管理提供指导。一级地下水环境监测网设计要求提供区域水文地质条件信息，包括含水层系统结构，地下水的补给、径流和排泄；划分水文地质单元；构建水文地质概念模型；进行地下水环境脆弱性分析等。如果没有地下水环境监测网，应该根据区域水文地质条件、水文地质单元以及地下水环境脆弱性等信息，构建区域地下水环境监测初级网，通过一个水文年的监测数据，进行地下水环境监测网的优化设计和调整。

2）二级地下水环境监测网：针对明确的潜在污染源区如矿山开发区、垃圾填埋场、化工基地、加油站、污水处理厂、污染河流等，或人类活动频繁区如城市区、重大工程影响范围等，或地下水重点保护区如饮用水水源地等设立的地下水环境监测网，主要监测潜在污染源、人类活动等对地下水环境影响的过程。二级地下水环境监测网设计要求提供研究区的水文地质条件信息，包括含水层系统结构，地下水的补给、径流和排泄；划分水文地质单元；构建水文地质概念模型；进行地下水环境脆弱性分析；同时需要提供污染源的有关信息，包括污染物的类型、污染源区的规模以及污染河流的水文和水质动态信息等。

3）三级地下水环境监测网：针对专门问题而设立的地下水环境监测网，如为进行群井抽水试验、示踪试验、基坑排水、水文地质调查、地下水渗流与污染物迁移模型校正以及专门性地下水环境研究等而设立的监测网。三级地下水环境监测网设计要求提供研究区的水文地质条件信息，包括含水层系统结构，地下水的补给、径流和排泄；划分水文地质单元；构建水文地质概念模型；进行地下水环境脆弱性分析；同时需要提供污染源的有关信息，以及专门研究问题特征与性质等。

在地下水环境监测网等级划分的基础上，根据不同级别的地下水环境监测网的要求，进行地下水环境监测空间位置和密度、监测频率的优化设计。一般来说，对于一级地下水环境监测网优化设计，运用 Kriging 方差分析法进行监测孔密度和空间分布优化设计，运用统计学方法进行监测频率的优化设计。对于二级地下水环境监测网优化设计，运用 Kalman 滤波与地下水污染物迁移的耦合模拟方法，进行监测孔密度、空间分布和频率优化设计。对于三级地下水环境监测网优化设计，运用 Kalman 滤波与地下水污染物迁移的耦合模拟方法，进行监测孔密度、空间分布和频率优化设计，也可以用模拟优化法、最优化模型方法进行监测孔密度、空间分布和频率优化设计。

（3）地下水环境监测网布设原则

1）在总体和宏观上应能控制不同的水文地质单元，须能反映所在区域地下水环境的空间变化。

2）监测重点为饮用水地下水源地的地下水系统。

3）监控地下水重点污染区及可能产生污染的地区，监视污染源对地下水的污染程度及动态变化，以反映所在区域地下水的污染特征。

4）能反映地下水补给源和地下水与地表水的水力联系。

5）监控地下水水位下降的漏斗区。

6）考虑工业建设项目、矿山开发、水利工程、石油开发以及农业活动等对地下水环境的影响。

7）在地下水污染严重地区监测孔布设密，非污染区监测孔布设稀。沿地下水流方向布设监测孔，在污染物浓度梯度大的地方监测孔布设密，污染物浓度梯度平缓的地方监测孔密度稀，尽可能以最少的监测孔获取足够的有代表性的环境信息。

8）考虑监测的连续性，在优化调整监测孔时，保留长序列监测孔。

9）监测孔优化是一个过程，与经费投入和环境信息提取精度有关，因此在监测孔优化时，还要考虑目前地下水环境研究状况和经费投入。

（4）地下水环境监测网布设基础资料要求

1）地质图、剖面图、现有水井的有关参数（井位、钻井日期、井深、成井方法、含水层位置、抽水试验数据、钻探单位、使用价值、水质资料等）。

2）作为当地地下水补给水源的江、河、湖、海的地理分布及其水文特征（水位、水深、流速、流量），水利工程设施，地表水的利用情况及其水质状况。

3）含水层分布，地下水补给、径流和排泄方向，地下水质类型和地下水资源开发利用情况。

4）泉水出露位置，了解泉的成因类型、补给来源、流量、水温、水质和利用情况。

5）区域规划与发展、城镇与工业区分布、资源开发和土地利用情况，化肥农药施用情况，水污染源及污水排放特征。

6）平原（含盆地）地区一般为每 $100~km^2$ 0.4 眼井，重要水源地或污染严重地区适当加密，沙漠区、山丘区、岩溶山区等可根据需要，选择典型代表区布设监测点。

（5）地下水环境监测网背景值监测井的布设要求

1）为了解地下水水体未受人为影响条件下的水质状况，需在研究区域的非污染地段设置地下水背景值监测井（对照井）。

2）根据区域水文地质单元状况和地下水主要补给来源，在污染区外围地下水水流上方垂直水流方向，设置一个或数个背景值监测井。背景值监测井应尽量远离城市居民区、工业区、农药化肥施放区、农灌区及交通要道。

（6）地下水污染控制监测井的布设要求

污染源的分布和污染物在地下水中扩散形式是地下水布设污染控制监测井的首要考虑因素。各地可根据当地地下水流向、污染源分布状况和污染物在地下水中扩散形式，采取点面结合的方法布设污染控制监测井，监测重点是供水水源地保护区。

1）渗坑、渗井和固体废物堆放区的污染物在含水层渗透性较大的地区以条带状污染扩散，监测井应沿地下水流向布设，以平行及垂直的监测线进行控制。

2）渗坑、渗井和固体废物堆放区的污染物在含水层渗透性小的地区以点状污染扩散，可在污染源附近按十字形布设监测线进行控制。

3）当工业废水、生活污水等污染物沿河渠排放或渗漏以带状污染扩散时，应根据河渠的状态、地下水流向和所处的地质条件，采用网格布点法设垂直于河渠的监测线。

4）污灌区和缺乏卫生设施的居民区生活污水易对周围环境造成大面积垂直的块状污染，应以平行和垂直于地下水流向的方式布设监测点。

5）地下水水位下降的漏斗区，主要形成开采漏斗附近的侧向污染扩散，应在漏斗中心布设监控测点，必要时可穿过漏斗中心按十字形或放射状向外围布设监测线。

6）透水性好的强扩散区或年限已久的老污染源，污染范围可能较大，监测线可适当延长，反之，可只在污染源附近布点。

（7）多层含水层地下水监测井布设

对于多层含水层来说，要求分层监测，在多层含水层管井施工过程中，要求含水层之间严格封堵，避免含水层之间通过井壁水力交换，导致污染物的扩散。

（8）监测井的建设与管理

1）应选用取水层与监测目的层相一致且是常年使用的民井、生产井为监测井，在地下水污染源区设置专门的监测井，该井应该考虑分层取水样。

2）监测井井管应由坚固、耐腐蚀、对地下水水质无污染的材料制成。

3）监测井的深度应根据监测目的、所处含水层类型及其埋深和厚度来确定，尽可能超过已知最大地下水埋深以下 2 m。

4）监测井顶角斜度每百米井深不得超过 20°。

5）监测井井管内径不宜小于 0.1 m。

6）滤水段透水性能良好，向井内注入灌水段 1 m 井管容积的水量，水位复原时间不超过 10 min，滤水材料应对地下水水质无污染。

7）监测井目的层与其他含水层之间止水良好，承压水监测井应分层止水，潜水监测井不得穿透潜水含水层下的隔水层的底板。

8）新凿监测井的终孔直径不宜小于 0.25 m，设计动水位以下的含水层段应安装滤水管，反滤层厚度不小于 0.05 m，成井后应进行抽水洗井。

9）监测井应设明显标志牌，井（孔）口应高出地面 0.5~1.0 m，井（孔）口安装盖（保护帽），孔口地面应采取防渗措施，井周围应有防护栏。

10）监测井必须修筑井台，井台应高出地面 0.5 m 以上，用砖石浆砌，并用水泥砂浆护面。人工监测井应加设井盖，井口必须设置固定点标志。

11）在监测井附近选择适当建筑物建立水准标志，用以校核井口固定点高程。

12）监测井应有较完整的地层岩性和井管结构资料，能满足常年连续进行各项监测工作的要求。

（9）监测井的维护管理

1）应指派专人对监测井的设施进行经常性维护，设施一旦损坏，必须及时修复。

2）每两年测量监测井井深，当监测井内淤积物淤没滤水管或井内水深小于 1 m 时，应及时清淤或换井。

3）每 5 年对监测井进行一次透水灵敏度试验，当向井内注入灌水段 1 m 井管容积的水量，水位复原时间超过 15 min 时，应进行洗井。

4）井口固定点标志和孔口保护帽等发生移位或损坏时，必须及时修复。

5）为每个监测井建立档案。

## （三）地下水环境监测要素

地下水环境监测包括三类要素

（1）地下水量信息：如果研究区存在多层含水层，需要同时进行多层地下水水位观测，可以用自动地下水水位监测仪器，也可用手动监测仪器；如果该地区存在地下水开采井，应该同时监测开采量；如果研究区存在泉水，应该对泉水的性质、泉水水质、泉水水位和泉水的流量进行监测。

（2）地下水水温信息：在监测地下水水位的同时监测地下水温度的变化信息，根据水温可以分析地表水与地下水、浅部水或深部水的关系。

（3）地下水化学组分：传统的地下水化学组分监测，主要是根据地下水质量要求，进行地下水水质监测，这种监测网称为地下水水质监测网。目前由于人类活动的加剧，导致地下水污染。地下水中污染物种类繁多，根据污染物的来源和性质不同，可以分为无机无毒污染物、无机有毒污染物、有机无毒污染物、有机有毒污染物、石油类污染物、放射性污染物以及生物污染物。

无机无毒污染物包括悬浮颗粒状污染物，酸、碱和无机盐类，无毒重金属类，氮、磷类植物营养物等；无机有毒污染物包括氰化物类、氟化物、碘化物、有毒重金属类；有机无毒污染物包括需氧有机物；有机有毒污染物包括有机氯化合物、多环类化合物、酚类、酯类、农药类等；石油类污染物包括汽油、柴油、煤油等中的石油烃类污染物；放射性污染物包括铀、锶、铯等铀矿开采、原子能反应堆等排放或泄漏的放射性核素；生物类污染包括细菌等。

需要对地下水七类化学组分进行监测，包括地下水常规监测因子（17项）、非金属类无机污染物（9项）、重金属类污染物（20项）、LNAPLs挥发性有机污染物（6项），DNAPLs有机污染物（包括11项挥发性卤代烃类和20项半挥发性有机污染物）、放射性污染物（2项）、微生物类（包括病毒）（2项）。其中，LNAPLs挥发性有机污染物主要是汽油中的苯系物（BTEX）和甲基叔丁基醚，一般浮在地下水面，大部分为非混溶态，随地下水运动过程，容易转化成气态进入土壤中。

### （四）地下水环境中污染物的采样方法

（1）采样频率和采样时间的确定原则

1）依据不同的水文地质条件、地下水监测井使用功能以及地下水监测网的优化结果，结合研究区的污染源、污染物排放实际情况，力求以最低的采样频率，取得最有代表性的样品，达到全面反映研究区地下水水质状况、污染原因和地下水环境变化规律的目的。

2）为反映地表水与地下水的水力联系，地下水采样频率与时间尽可能与地表水采样相一致。

3）对于渗透性强的含水层如岩溶含水层、裂隙化含水层、中粗砂层等，地下水流运动速度较快，采样频率适当加大；对于渗透性相对较弱的含水层如粉细砂层、亚砂土层、裂隙不发育的基岩含水层等，采样频率可以适当减少。

4）在地下水环境监测频率优化分析时，尽可能保留长序列监测井的监测频率。

5）要考虑污染物的类型，尤其对非混溶态的有机污染物，适时调整采样频率。

6）如果污染源通过土壤渗漏进入地下水，要考虑包气带的厚度和渗透性，适时调整采样频率。

（2）采样频率和采样时间

一般来说，地下水环境监测的采样频率和时间如下：

1）背景值监测井和区域性控制的孔隙承压水井每年枯水期采样 1 次。

2）污染控制监测井逢单月采样 1 次，全年 6 次。

3）作为生活饮用水集中供水的地下水监测井，每月采样 1 次。

4）污染控制监测井的某一监测项目如果连续 2 年均低于控制标准值的 1/5，且在监测井附近确实无新增污染源，而现有污染源排污量未增加，则该项目可每年在枯水期采样 1 次进行监测。一旦监测结果大于控制标准值的 1/5，或在监测井附近有新的污染源或现有污染源新增排污量时，即恢复正常采样频率。

5）同一水文地质单元的监测井采样时间尽量相对集中，日期跨度不宜过大。

6）遇到特殊情况或发生污染事故，可能影响地下水水质时，应随时增加采样频率。在实际采样实施过程中，采样频率和采样时间可以根据地下水环境监测网的优化结果进行调整。

（3）地下水采样技术

1）地下水环境监测通常采集瞬时水样。

2）对需测量水位的井水，在采样前应先测地下水水位。

3）从井中采集地下水水样，必须在充分抽汲后进行，抽汲水量不得少于井内水体积的 2 倍，采样深度应在地下水水面 0.5 m 以下，以保证水样能代表地下水水质。

4）在采样顺序上，应先采集污染较轻区域的水样，后采集污染较重区域的水样。

5）对封闭的生产井可在抽水时从泵房出水管放水阀处采样，采样前应将抽水管中存水放净。

6）对于自喷的泉水，可在涌口处出水水流的中心采样。采集不自喷泉水时，将停滞在抽水管的水汲出，新水更替之后，再进行采样。

7）采样前除有机物和细菌类监测项目外，先用采样水冲洗采样器和水样容器 2~3 次。

8）测定溶解氧、挥发性和半挥发性有机污染物项目的水样，采样时水样必须注满容器，上部不留空隙。但对准备冷冻保存的样品则不能注满容器，否则冷冻之后，因水样体积膨胀容器会破裂。需要带回实验室测定溶解氧的水样，采集后应在现场固定，盖好瓶塞后需用水封口。

9）测定硫化物、石油类、重金属、细菌类、放射性等项目的水样应分别单独采样。

10）各监测项目所需水样采集量按规范采集，采样量应考虑重复分析和质量控制的需要，并留有余地。

11）在水样采入或装入容器后，立即加入保存剂。

12）采集水样后，立即将水样容器瓶盖紧、密封，贴好标签。

13）用墨水笔在现场填写地下水采样记录表，字迹应端正、清晰，各栏内容填写齐全。

14）采样结束前，应核对采样计划、采样记录与水样，如有错误或漏采，应立即重采或补采。

15）地下水水位监测包括测量静水位埋藏深度和高程。地下水水位监测井的起测处（井口固定点）和附近地面必须测定高度。可按《水文普通测量规范》执行，按五等水准测量标准接测。地下水水位监测每年 2 次，丰水期、枯水期各 1 次。与地下水有水力联系的地表水体的水位监测，应与地下水水位监测同步进行。同一水文地质单元的水位监测井，监测日期及时间应尽可能一致。有条件的地区，可采用自记水位仪、电测水位仪或地下水多参数自动监测仪进行水位监测。每次测水位时，应记录监测井是否曾抽过水，以及是否受到附近的井的抽水影响。

### （五）地下水环境中污染物的分析方法

选出地下水中检出频率较高或受关注较多的污染指标共 90 项作为地下水中的典型污染物，其中包括地下水常规监测因子 17 项、非金属类无机污染物 9 项、重金属类污染物 20 项、挥发性有机污染物 20 项、半挥发性有机污染物 20 项、放射性污染物 2 项和微生物类指标 2 项。

## 第二节　地下水环境监测网优化及方法评估

### 一、地下水环境监测的复杂性

地下水环境监测和监测网优化设计存在三方面重要的控制因素：

1. 地质及水文地质条件的复杂性；

2. 地下水污染源、污染物类型等的复杂性；

3. 人类活动的复杂性。

这些因素影响着地下水环境的变化，因此，在地下水环境监测方法、采样方法、监测网优化设计方面，必须充分考虑这三方面的因素。

### （一）地质及水文地质条件的复杂性

地下水环境监测与监测网优化设计的基础是地质和水文地质条件。由于不同地域、不同盆地、不同流域的地质和水文地质条件不同，因此地下水环境监测方案一定要结合地质和水文地质条件。从中国水文地质分布看，各大平原或盆地如关中盆地、四川盆地、松辽盆地、汾河盆地、银川盆地、华北平原、江汉平原、长江三角洲、珠江三角洲、塔里木盆地等，均是松散型沉积盆地或平原，存在多层含水层；北方岩溶含水层，如山西、河北、淮北、山东等为裂隙岩溶型含水层；广西、贵州、云南、湖南、广东等地为南方岩溶溶洞—暗河型含水层；南方红层地区为砂岩孔隙—裂隙型基岩裂隙水；内蒙古熔岩台地为玄武岩孔隙—裂隙型地下水，因此各地含水层的结构和范围，地质构造如断层、裂隙、节理等，地下水的补给、径流、排泄条件不同。从地下水环境监测和监测网优化设计方面看，地质和水文地质条件影响污染物的迁移转化，故应考虑以下问题。

1. 划分含水层系统。多数地区含水层具有多层结构，如上海地区，从地表至以下400多米，存在5层含水层。北京永定河冲洪积盆地也有多层含水层，而且，这些多层含水层之间存在不连续的弱透水层，也就是说，从局部看，存在相互隔开的含水层，它们之间的水力联系通过弱透水层的越流交换；从区域看，存在不连续的弱透水层，即存在"天窗"。由于多层含水层系统特征，污染物在多层含水层系统中的迁移转化存在复杂性。

2. 含水层的非均质性。多数含水层不是均质的，而是非均质的。含水层的非均质性，导致污染物迁移转化的复杂性，在非均质含水层中污染物的迁移一般符合非费克效应。

3. 地下水埋深的影响。不同区域地下水水位埋深不同，如长江三角洲地区、珠江三角洲地区，地下水水位埋深较小，也就是包气带厚度小，所以土壤污染了，基本上地下水也污染了；北方多数地区，如华北平原、北京市等，地下水水位埋深较大，污染物通过包气带渗漏路径长，这时要考虑包气带土壤渗透特性，如黄土地区，垂向裂隙发育，会形成优势流。

4. 含水层渗透性的差别。各地含水层的形成条件不同，如河流冲积层、洪积层、冰积层等，因此，含水层的渗透性能差异较大，污染物在不同渗透性含水层中的迁移转化路径和范围不同，也会影响地下水环境监测方案的制定。

5. 对于岩溶地区，由于岩溶溶洞、裂隙、断层、暗河分布的随机性，地下水运动存在复杂性，多数南方溶洞—暗河型岩溶地下水运动符合非达西定律（Non-Darcy Law），污染物迁移则符合非费克效应。

6. 对于基岩裂隙地区，由于岩体中断层、裂隙、节理分布的随机性，因此地下水运动和污染物迁移规律存在复杂性，一般地下水流沿着裂隙网络运动。

7. 由于研究对象的尺度不同，地下水污染物的迁移转化随尺度增大随机性增强，因此，不同尺度的地区地下水环境监测网优化设计，有着不同的设计方法，如区域尺度和场地尺度的地下水环境监测网设计不同，前者监测孔密度较小，后者监测孔密度较大。

### （二）地下水污染源、污染物类型等的复杂性

对于区域地下水来说，污染源的分布十分复杂，既有点源、河流和道路线源，又有农业面源，导致地下水污染的复杂性；同时，污染物类型复杂，既有无机氮污染，又有有机物、重金属等污染物，往往具有复合污染的特点。

1. 污染源

第一类为点源污染，如城市垃圾和工业废弃物堆放、石油及化学物质输送管道和储存罐渗漏或溢出、化粪池系统的渗漏、液体废物的深井排放、地下管线渗漏、家畜废物、用于木材保护的化学物质、矿山的尾矿、放射性废物的处置、燃煤工厂的飞灰、石油加工厂浆液排放区、坟地、道路盐储存区、高速公路或铁路车载有害物质事故、煤的地下气化、铀矿地浸开采、沥青产品和清洗场地等。第二类为线源污染，如污染的河流对地下水的污染，铁路污染源对地下水的污染，公路或高速公路盐或化学物质在径流下的渗漏补给等。第三类为非点源污染或称面源污染，如农田施化肥和农药（如杀虫剂）、降雨、降雪及降尘等。

2. 污染物类型

地下水中常见的污染物有：无机物，如无机磷等；重金属如铅、镉、铬、锌、汞、砷等；挥发性有机物，如氯代脂肪烃类，包括四氯乙烯（PCE）、三氯乙烯（TCE）、二氯乙烯（DCE）、氯乙烯（VC）、三氯乙烷（TCA）等，这些物质大多是重非水相液体（DNAPLs）；半挥发性有机物，如 PCBs，PAHs 等；挥发性碳氢化合物，如 BTEX等，这些物质大多是轻非水相液体（LNAPLs）；农业化学试剂，如有机磷、杀虫剂等。

3. 污染物在含水层中存在形态和迁移特征

污染物在含水层中常见的存在形态有：

（1）吸附态，即被含水层颗粒吸附，含水层颗粒愈细吸附性能愈强，含水层中有机碳含量愈高吸附性能愈强。

（2）挥发态，大多数挥发性、半挥发性有机物进入地下水中，但有部分变成气态或在微生物作用下转化成气态。

（3）溶解态，如无机氮、重金属和部分有机物溶解在地下水中，随地下水流运动而迁移。

（4）自由态，如轻非水相液体和重非水相液体均不溶于地下水，它们在地下水中

的迁移十分复杂。汽油在地下水中的迁移，汽油是一种轻非水相液体，比水轻，浮在地下水面迁移，部分溶解在地下水中，部分在毛细带变成挥发性有机化合物，部分非混溶于地下水而浮在水上。比水重的有机污染物，很少一部分溶解在地下水中，大部分沿重力方向向下迁移。重非水相液体在基岩裂隙含水层地下水中的迁移，具有极强的随机性。轻非水相液体和重非水相液体从地下水中迁移，具有明显的两相流特征。

### （三）人类活动的复杂性

人类活动已经强烈地影响到地下水环境，因此，对于人类活动区的地下水环境监测目的不同，采用的方法不同。

1. 地下水超采

我国有近 100 个城市地下水过量开采，导致地面沉降严重，如华北平原地下水水位平均下降 30 多米，其中石家庄地下水水位下降了 56.2 m，北京地区地下水水位下降严重。地下水过量开采，导致水质恶化，该地区地下水环境监测网要考虑控制地下水水位降落漏斗扩散范围。

2. 城市工业活动区

要考虑潜在工业污染源对地下水环境的影响，有意识地在场地外围设立长期地下水环境监测井；对于加油站、污水处理厂和垃圾填埋场，在地下水流动方向的上游设立 1 个背景监测井，下游沿污染源扩散范围设立监测井。

3. 地下工程活动区

地下工程活动对地下水环境也有较大影响，可以改变局部地下水流向，在岩溶地区，可能造成大量排水，影响周围地下水和泉水，应加强地下工程对地下水环境影响的监测。

4. 滨海地区

滨海地区过量开采地下水，会导致海水入侵，改变地下水环境，引起地下水咸化，也可能导致水—岩相互作用改变，使含水层中有害物质富集在地下水中，造成地下水污染。

5. 矿山活动区

矿山开采对地下水环境的影响一方面是疏干降水，使地下水水位下降；另一方面，矿山开采区尾矿中重金属对地下水环境也会产生影响，故应加强矿山开采地下水环境监测。

6. 家禽畜牧养殖区

家禽畜牧养殖区是地下水的唯一一个重要污染源，应设立长期地下水环境监测井。

7. 污染地表水体

如河流、湖泊、水库、景观水体、湿地等，一般与地下水水力联系较为密切；地表水体污染，也会影响地下水污染，应设立地下水环境监测井。

# 二、地下水环境监测网优化检验方法

## （一）地下水环境监测网优化的 Kriging 方法

地下水环境监测网质量评价准则为利用地下水环境监测网的时空监测数据分析区域地下水污染状况时，其地下水污染要素的估计误差标准差最小或满足一定精度。

依据这个准则，用现有地下水环境监测网收集的数据，经过多要素标准化后，用地质统计学 Kriging 方法计算区域地下水污染标准化要素的估计误差标准差分布，对现有地下水环境监测网质量进行评估，对于现有相对密集的环境监测网运用方差减少法进行优化设计，对于现有稀疏地下水环境监测网运用给定临界标准差方法进行优化设计。

1. 有效性检验方法一

针对方差减少法的优化结果，用 Kriging 插值技术分别计算现有地下水环境监测网控制下的地下水污染物浓度分布（如某种污染物的浓度等值线图），以及优化后监测网控制下的地下水污染物浓度分布。比较这两种分布，如果优化的监测网能够描述区域地下水污染物的趋势、控制区域地下水污染源并比较现有监测网其信息损失量小于10%，说明优化的监测网有效。

2. 有效性检验方法二

对于现有稀疏监测网，在给定估计误差标准差的临界值的条件下进行地下水环境监测网的优化，优化时需要增加监测井。针对优化结果，用 Kriging 插值技术分别计算现有地下水环境监测网控制下的地下水污染物浓度分布（如某种污染要素的等值线图），以及优化后监测网控制下的地下水污染物浓度分布。比较这两种分布，如果优化的地下水环境监测网能够描述区域地下水污染物的趋势、控制区域地下水污染源并比较现有地下水环境监测网其信息增加量在 10%~15%，说明优化的地下水环境监测网有效。

## （二）地下水环境监测网优化的 Kalman 滤波方法

该方法针对区域水文地质条件清楚、污染源和水源地分布清楚的地下水污染监测网进行优化设计。该方法可以进行多层含水层的地下水监测井位和采样频率优化设计。

依据这个准则，用现有地下水环境监测网收集的数据，运用耦合 Kalman 滤波和地下水污染迁移模型的模拟算法，计算区域地下水污染要素的估计误差标准差分布，对现有地下水环境监测网质量进行评估，对于现有相对密集的地下水环境监测网运用方差减少法进行优化设计，对于现有稀疏地下水环境监测网运用给定临界标准差方法进行优化设计。

有效性检验方法为依据地下水环境监测网优化结果，运用耦合 Kalman 滤波和地下水污染迁移模型的预测算法，计算区域地下水污染要素的浓度分布（如某种污染物的浓度等值线图），以及优化后地下水环境监测网控制下的地下水污染物浓度分布，比较这两种分布，如果优化的地下水环境监测网能够描述区域地下水污染物的趋势、控制区域地下水污染源并比较现有地下水环境监测网其信息量的增加或减少控制在 10% 以内，说明优化的地下水环境监测网有效。

### （三）点源污染区地下水环境监测网优化方法

针对比较清楚的点源地下水污染区，如垃圾填埋场、加油站、地下水污染场地等。利用地下水点源污染物迁移的解析和数值模型，在方差 90% 范围内设计监测孔的位置和数量。

有效性检验方法为针对点源污染的优化地下水环境监测网结果，运用地下水污染迁移模型计算污染物的羽状物的时间空间分布，若优化的地下水环境监测网能够控制污染物扩散范围的 90%，说明优化的地下水环境监测网有效。

## 三、不同类型含水层地下水环境监测网设计

按照含水层介质划分，含水层可分为孔隙含水层、裂隙含水层和岩溶含水层三大类型。对于裂隙和岩溶类型的含水层，在进行地下水环境监测网优化设计时，应该结合研究区水文地质条件进行分析，从而适当调整监测孔密度和监测要素等。运用数值模拟方法，对裂隙和岩溶含水层监测网优化布设进行分析，在此基础上指出此类含水层地下水环境监测网优化过程中需要注意的一些问题。

### （一）孔隙含水层地下水环境监测网优化

由于孔隙含水层的介质空间分布相对均匀，因此在进行地下水环境监测网优化设计时，站位的空间分布应该相对均匀，渗透系数及水力梯度较大的区域应适当加密监测井密度，相反可以适当减少监测井。而类似辽河平原的典型冲积平原往往由多层含水层构成，含水层三维结构较为复杂，含水层之间往往存在黏土层或透镜体将其隔开，

对此类结构含水层在进行地下水环境监测网布设时应考虑单井多层监测。由于浅层地下水往往比较容易受到污染，因此，人们往往开采深层水取代浅层水，但是由于断裂构造、勘探钻孔以及黏土层"天窗"的存在，不同含水层之间往往可能存在一定的水力联系，污染的浅层地下水在深层大量开采抽水之后，往往通过这些通道与深层含水层发生水力联系，从而污染深层水。因此，对于此类含水层的深层供水井的水环境要素要进行长期监测。

### （二）裂隙含水层监测网优化

对裂隙类型含水层进行区域地下水环境监测网优化时，应该结合所在地区的区域构造特征、地质及水文地质条件，例如裂隙含水层整体走向、倾向及倾角，裂隙发育程度等特征进行分析。模拟的裂隙基岩上部覆盖第四系非承压孔隙含水层的点源污染地下水环境监测井布设。从模拟结果发现，下游监测井污染物检出率与模拟裂隙张开度、非承压孔隙含水层厚度、检测浓度阈值和裂隙连通程度等密切相关；此外，该模拟仅考虑了裂隙沿水平和垂直方向规则分布，而野外实际裂隙发育往往受区域构造应力场的控制沿着一定走向倾斜分布。因此，在进行此类裂隙含水层污染监测网优化设计时，应该综合考虑区域构造、地层特征、含水层特征等因素，将覆盖第四系含水层与基岩裂隙含水层综合考虑，从而进行地下水环境监测网优化布设。

### （三）岩溶含水层监测网优化

对岩溶类型区域地下水含水层进行地下水环境监测网优化时，应该注意分析岩溶发育类型，尤其是在我国南北方岩溶发育类型存在较大差异的情况下。对于南方管道型岩溶类型，如果为裸露型岩溶含水层，由于污染物多随降雨经地表岩溶落水洞及岩溶管道下渗，因此，监测井应重点分布于岩溶管道及泉井出露点；相反，对于埋藏型岩溶含水层，应于污染源下游地区进行相对均匀布点，可参考孔隙含水层地下水环境监测布点方案。

## 四、建议

1.由于含水层的非均质性，不同污染物在含水层中的迁移转化和空间分布差异性很大，尤其是非混溶性污染物（如轻非水相液体分布在地下水水位附近，而重非水相液体分布在隔水层），给地下水污染物的取样带来困难，地下水原位取样、检测分析，需要进一步深入研究。

2.针对点源地下水污染场地，地下水环境监测网的设计相对明确。由于地下水环境监测网的优化设计是一个过程，需要先设计初级地下水环境监测网，再不断优化。

3. 对于地下水污染监控的重点行业，如化工、石化、冶金、纺织印染、电镀等行业，应在厂区外围沿地下水流动方向的下游设计地下水监测井，进行地下水环境监测，通过监测数据分析评价，了解重点行业运行对地下水环境的污染状况。

4. 对于地下水污染场地，如加油站、垃圾填埋场、尾矿库等，可沿地下水流动方向的下游布设监测井，进行地下水环境要素的长期监测。

5. 建立国家和地方级地下水环境监测网，按流域进行布设和管理；完善地下水环境监测网设计规范。

6. 地下水环境监测网优化研究的基础是地质及水文地质条件、含水层类型和结构。因此，研究开始之前，需要先深入研究地质和水文地质条件，提出符合实际的水文地质概念模型；对于区域地下水环境监测网优化设计，还要进行区域水文地质单元划分和地下水脆弱性分析。

7. 影响地下水环境变化的两个重要因素是人类活动和污染源。因此，在地质及水文地质条件研究的基础上，要考虑人类活动的形式、规模、强度等以及污染源类型、污染物类型、污染物来源和持续时间等。

8. 对于基岩裂隙地下水和岩溶地下水，地质构造和岩溶通道是控制地下水流的主要因素。对于这类含水层地下水流域污染物迁移模型，不能简单运用连续介质模型，应该考虑非连续离散网络模型或双重介质模型。

# 第五章　水文站网功能与布局优化

由于自然地理、气候环境的多样性、复杂性，社会经济、人文环境在区域上的较大差异，水文站网的宏观布局在区域空间上受地理、气候与经济发展水平与人类活动影响，形成了水文站网分布不均的格局。

## 第一节　站网功能与布局优化的概念

### 一、水文站网密度及布局评价——以海河流域为例

海河流域的北部和西部为山地和高原，东部和东南部为广阔平原。山地与平原近于直接交接，丘陵过渡区甚短。按成因，平原可分为山前冲积洪积倾斜平原、中部冲积湖积平原和滨海冲积海积平原。平原地势自北、西、西南3个方向向渤海湾倾斜，其坡降由山前平原的1‰~2‰渐变为东部平原的0.1%~0.3%。由于黄河历次改道和海河各支流的冲积，对流域内的地形、地貌也有影响，一般是黄河和本流域泥沙含量较大的河道流过的地带，地势较高，在这些河道之间的泥沙含量较少河道流过的地带，地势则较低。

1. 基本水文站密度及布局评价

海河流域共有基本水文站289处。构成了覆盖各大主要干流、重要支流的骨干站网，为分析河流水文情势、水资源分析计算、防洪抗旱、流域规划、水利工程设计和调度决策、水环境水生态保护等提供了科学数据。

如果根据河流天然特性设站，山区水文站网密度应较平原地区高，但在实际中，站网建设往往被赋予经济内涵，经济发达、水资源利用程度高的地区站网密度比经济相对落后的地区高。流域内北京市、天津市人口稠密，经济发展快，站网密度已大大超过最稀密度的上限，显示出站网已跨越初级阶段，进入与经济需求相适应的稳定发展阶段。

由于海河流域河流水系的分布情况及河流源短流急的特殊性，流域站网密度与河系经济内涵结合不如与行政单元站结合得更紧密。

本次评价海河流域总面积按照 31.8 万 $km^2$ 计算，全流域共有基本水文站 289 处，平均站网密度为 1 100 $km^2$/站，由于海河流域处于半干旱、半湿润地区，根据 WMO 有关容许最稀站网密度的推荐意见，平原区最低容许站网密度为 1 000~2 500 $km^2$/站、山区最低容许站网密度为 300~1 000 $km^2$/站。与此标准比较，海河流域现有基本水文站网总体上已达到 WMO 推荐的站网容许最稀密度要求。

河北沿海诸河、蓟运河、北运河、海河干流、大清河、徒骇马颊河河系基本为平原区，河北沿海诸河、蓟运河、北运河河系站网平均密度已高于最稀站网密度，海河干流、大清河、徒骇马颊河河系站网平均密度均已达到 WMO 推荐的容许最稀水文站网密度标准。滦河、潮白河、永定河、子牙河、南运河河系基本为山区，根据容许最稀水文站网密度采用 WMO 推荐的 300~1 000 $km^2$/站，按此标准，只有潮白河河系的站网平均密度达到 WMO 推荐的容许最稀水文站网密度标准，其余河系站网平均密度均未达到规定的最稀密度要求。今后应加强山区站点布设，需要进一步提高站网密度。

2. 泥沙站密度评价

综合 WMO 推荐的泥沙站网最稀密度指标，结合流域特点，确定海河流域泥沙站（断面）占流量站（断面）的比例取 15%~30%。海河流域泥沙站主要为流量站（断面）开展泥沙观测项目，海河流域共有泥沙站 212 个，占流量站（564 个断面）的 37.6%，高于标准站网比率。现有泥沙站网基本能够控制各河泥沙的输沙变化。

3. 雨量站密度及布局评价

海河流域基本雨量站有 1 817 处，其中独立的雨量站 1 531 个，在水文站、水位站内设雨量观测项目的雨量站有 286 个。构成了广泛覆盖全流域的雨量观测系统，为流域经济社会提供洪水预警预报、土壤墒情预测、水资源分析计算、生态环境保护、水科学研究等公益性基础数据。对现行雨量站网及时开展评价，为站网建设提供指导性意见是非常必要的。

根据 WMO 推荐最稀雨量站网密度标准，平原区为 600~900 $km^2$/站（困难情况下 900~3 000 $km^2$/站），山区为 100~250 $km^2$/站（困难情况下 250~1 000 $km^2$/站），干旱区为 1 500~10 000 $km^2$/站。

海河流域雨量站平均密度为 175 $km^2$/站，雨量站单站控制面积小于 300 $km^2$。从各河系雨量站密度可以看出，除海河干流雨量站单站控制面积大于 300 $km^2$ 外，其余各河系雨量站单站控制面积均小于 300 $km^2$。海河干流地处狭长区域，两岸雨量站属其他河系。

总体上看，海河流域除海河干流河系外，其他各河系均达到 WMO 推荐的容许最稀站网密度，高于平原区最稀站网密度，达到山区密度要求。

从海河流域雨量站的分布来看，面上分布比较均匀，基本上能控制住暴雨中心，能满足暴雨等值线图的勾绘。但是在局部地区，也存在站点偏稀情况，不能很好地控制降水的时空变化。高山区暴雨高发地区，站点明显不足，不能完全控制降水量的沿高程的垂直变化。由于地形复杂，局部暴雨频繁，特别是山洪灾害易发地区，还需要增加雨量站点，提高站网密度，增强监测能力，以满足防汛抗旱和流域经济社会快速发展需要。

4. 蒸发站密度及布局评价

根据 WMO 推荐最稀蒸发站网密度标准，平原区、山区为 5 000 km²/ 站，干旱区因蒸发强烈，为 3 000 km²/ 站。

海河流域蒸发站网密度为 3 180 km²/ 站。达到了 WMO 对平原、山区标准最稀密度的要求。

5. 水质站密度及布局评价

海河流域由于水资源匮乏，很多河流经常处于"河中无水、有水皆污"状况；水污染突发事件时有发生，造成水源地污染。这些已成为制约国民经济可持续发展的重要因素。伴随着水环境问题的滋生，近些年，水质站发展迅速，目前海河流域布设水质站 689 处，站网密度有所提高。以下将从流域内水质站单站控制面积和流域水功能区内水质代表站单站控制河长两方面进行评价。

（1）水质站单站控制面积评价

水文站、雨量站、蒸发站等密度，均适用于单站控制面积进行表述，并有相关标准可供评价。但截至目前，除 WMO 提出过水化学站占水文站的最稀比率指标外，尚无其他水质站的密度标准。经初步计算，水质站占水文站比率均高于 WMO 推荐的指标，所以，最稀站网密度已经达到。

由于水质站网的布设主要依据水环境状况而定，而后者是动态的，所以依据水化学站最稀标准进行现实站网评价意义已经不大，但把水质站单站控制面积作为一项指标，通过水质站网与水文站网间的比较，可以得到一些评价概念。

目前，海河流域水环境问题比较突出，从站网的需求到站网设置的灵活性衡量，水质站网密度以高于水文站网密度比较合理，即水质站单站控制面积应小于水文站单站控制面积。全流域各河系水质站单站控制面积均小于水文站单站控制面积。

海河流域的水质站单站面积小于 1 000 km²，也小于水文站单站面积，显示水质站网密度相对较高。海河流域经济发达、水环境问题也比较突出，需要有较高的站网密度。

（2）水功能区水质代表站单站控制河长评价

如前所述，现阶段水质站的概念已不同于水化学站，最稀站网概念已不具备现实意义。由于需求的动态性，水质站网也应具有较易变动和较快发展特点，但是在这样一个站网中，需要有一批站点设置在江河湖库、城市水源地、省级行政区界河流等具有代表性的位置上，保证持续性地开展水资源质量动态监测，这一类站点是长期的、稳定的，称为基本站。由于其长期性和相对稳定性，应该成为站网中可评价的部分。基本站的设置，主要应根据水功能区布局决定，成为水功能区的代表站。以下将针对这部分站点进行评价。

水功能区划工作者认为，目前大范围的河湖水质恶化，除了工业及生活废污水大量增加并且未按要求达标排放外，另一个重要原因是水资源开发利用布局不尽合理，与保护的关系不协调，水域保护目标不明确，区域内开发随意，入河排污口管理不规范等。开展水功能区划工作，就是根据流域或区域水资源状况，水资源开发利用现状，一定时期内社会经济在不同地区、不同用水部门间对水资源的不同需求，考虑水资源的可持续利用，在江河湖库划定的具有特定功能的水域，并提出不同的水质目标。

6. 地下水站密度及布局评价

地下水是我国许多城市的主要供水水源，对经济社会的可持续发展起着十分重要的作用。地下水监测信息是合理开发利用地下水，优化配置水资源，加强生态环境保护和做好抗旱工作的重要依据。

海河流域是我国七大流域中水资源缺乏最严重的，由于海河流域地表水资源极为短缺，地下水开采量逐年增长，一些地区地下水长期处于超采状态。从区域分布特征看，太行山前平原为大范围整体性超采区，北部燕山平原区为局部超采区。目前平原浅层地下水超采区总面积已达 6 万 km²，深层地下水超采面积达 5.6 万 km²。流域地下水开发利用量已占 65% 以上，但流域地下水可开采资源量仅为 180 亿 m³/a，需要超采深浅层地下水约 80 亿 m³/a。由此，引起流域内大部分地区地下水位持续下降，局部地区大幅下降，甚至形成漏斗，从而给下游平原地区的生态环境带来巨大的负面影响，造成一系列生态环境问题，如地面沉降、河流功能衰退、海咸水入侵、湿地生态退化、水质恶化等。社会对地下水资源问题更加关注，各级政府对地下水管理问题也日益重视。对地下水实施科学管理需要充足、及时、可靠的信息，现有地下水监测系统是采集信息的载体，对站网布设开展必要的评估十分迫切。

海河流域有地下水基本监测站（井）3081 处，其中设在水文、水位站上的测站（井）有 64 个。全流域地下水井站网平均密度为 9.7 站 $/10^3$ km$^3$，达到全国平均水平，基本形成了覆盖全流域主要平原区的地下水监测站网。

海河流域自开展地下水动态监测以来，积累了大量的地下水监测资料，在水资源管理、配置、城市供水、农业抗旱除涝和水科学研究等方面发挥了重要作用，并在控制地下水超采、涵养地下水源、改善生态环境等方面起到了积极作用。

地下水井站网的布设标准主要依据地下水运动特性以及各地利用地下水程度综合确定。在平原区（包括冲积平原、内陆平原、山间平原），地下水埋深小，大量以潜水形式存在，与地表水交换关系密切，开采条件相对简单，人口密集，超采引发的地质灾害问题多，因此站网布设标准相对较高。山区地下水埋深大，荒漠区人烟稀少，因此站网布设标准相对较低。

海河流域地下水井站网密度相对较高的地区为北京和天津，已大大超过标准，河北省达到标准下限。

海河流域基本布局大多为被动设置型，根据水文地质单元、地下水含水层分布特性进行站网布设的主动性需要进一步加强。地下水监测井大多为生产井，专用井极少，由于生产井水位受人工抽水影响，波动大，在反映地下水位动态变化过程方面有失真实性。应主动考虑在一些地区进行基本和必要的专用井点布设。生产井担当基本井存在的另一个严重问题是井点不稳定，频繁换井导致资料连续性和可用性差。流域内局部地下水高开采地区井网密度不够，在地下水高开采地区，针对地下水漏斗、地下水水位下降过大区域问题，应进一步加密站网。在地下水开采程度低的区域，根据水文地质单元划分，布设必要的基本井点，建成一个结构更加合理、能覆盖全流域主要地质单元、与地下水开采关系更加紧密的基本地下水监测井网。

## 二、综合评价与建议

海河流域基本水文站网平均密度已高于 WMO 标准最稀站网密度，为 1 100 km$^2$/站或 9.1 站 / 万 km$^2$。其中北京、天津已大大超过最稀密度的上限，显示出站网已跨越初级阶段，进入与经济需求相适应的稳定发展阶段。海河流域已建成布局比较合理的基本水文站网，但重点区域需增大站网密度，以满足经济社会对水文信息的需要。

全流域泥沙站占流量站平均比例为 37.6%，高于 WMO 推荐的最稀站网密度。现有泥沙站网基本能够控制各河流泥沙的输沙变化。为开展河流泥沙分析计算、水土保持、河道演变分析和河道治理提供大量基础数据。

全流域雨量站平均密度为 175 km²/ 站，小于 300 km²/ 站。流域面上雨量站分布较均匀，基本能控制暴雨中心。局部地区，还存在站点偏稀情况，尤其高山区的雨量站点密度偏低，难以掌握降水量沿高程垂直变化的规律，同时也降低了山地灾害预警预报能力。今后站网建设中还需要增加雨量站点，提高站网密度。

全流域蒸发站平均密度为 3 180 km²/ 站。单站面积已满足 WMO 所要求的标准值。

海河流域水质站网按满足水功能区单位河长基本评价标准，已经达到最稀密度要求。

海河流域地下水井站网平均密度为 9.7 站 /10³ km³，达到全国平均值。其中，天津和北京站网密度较高。但在站（井）类构成上，生产井占绝大多数，造成站（井）网质量偏低。海河流域是我国地下水超采最严重的地区，目前的站（井）规模远不能满足经济社会发展需要，还应加大地下水站（井）网建设，特别应大力加强专用井建设。

综上所述，海河流域各类水文测站的平均密度基本达到容许最稀密度标准的要求，已建成布局比较合理、项目比较齐全的水文站网，在历年的防汛抗旱、水利工程设计与运行调度、城乡工业、生活供水调度，以及水资源管理工作中都发挥了巨大的作用。但总体来讲，仍然与流域经济社会的快速发展不相适应，还应根据流域特点完善各类站网建设。

## 三、水利工程的影响分析和站网的调整思路

### 1. 水利工程影响的实质分析

传统上，水文资料总是在追求长期性、连续性和一致性，这在流域开发之前是很方便做到的。但在流域开发之后，连续性就受到了挑战，特别是在流域开发力度较大，水利工程对水文测站影响日趋严重时，连续性和一致性可能就不复存在了，长期性也随之丧失了意义。很多水文测站受水利工程影响被迫搬迁，而随着工程的不断兴建，甚至出现了水文测站迁而又迁，不断向上游迁移的现象，由于河流上游往往偏僻，生活、交通和通信条件差，最后的结果可能就是取消了水文测站的设置，从而可能出现人为造成的大量水文空白区。上述矛盾的相生相伴，是非常自然和无可避免地，因此必须看到问题的实质，采取科学的态度，摆脱水文测站为了片面追求水文资料长期连续性和一致性而一味搬迁、躲避的被动局面。

水利工程对水文站施加影响后，在保持水文资料的长期性、连续性和一致性方面，水文工作者需要做水利工程影响的实质性分析。

根据对水文站的分类，凡为了满足当前实时水情需求的水文站，不需要考虑水利

工程对水文资料连续性和一致性的影响问题，因为这类站收集水文资料本身就是为了反映在现状水利工程运行条件下河道水位、流量、输沙率的变化情况，工情发生变化，资料系列也自然随之变化。凡为了满足将来应用需求的测站，即在设站初期，遵循流域代表性原则和均匀布设原则设立的水文站，应考虑水文资料的连续性和一致性，尽可能避免或减少水利工程的影响。

中小河流较易受水利工程影响，水文资料一致性容易受到破坏，对象主要是区域代表站和小河站。大河站在遭受水利工程影响后，资料一致性问题不如中小河流水文站突出，但需采取措施避免或减少工程对测验断面正常工作造成干扰或破坏。平原区的水文站网，由于所在区域渠系互通，无闭合流域，水流往复大多处于人工调节中，其性质与满足当前需求的水文站网是一样的，也不作为分析的对象。

2.受水利工程影响的水文站网调整思路

大河站、集水面积在 1 000 km² 以上的区域代表站，除个别达不到设站目的者，都必须列为长期站，有重要作用的小河站和集水面积在 1 000 km² 以下的区域代表站，也可列入长期站。因此对受水利工程影响的水文站的总体方针是，尽可能避免撤站，通过适当的调整避免或减少工程影响，或调整设站功能，使之成为承担当前需求任务的测站。

（1）受水利工程影响的大河站的调整思路

受水利工程影响的大河站，往往测验断面遭受水利工程破坏的影响程度要大于资料的一致性破坏程度。受到影响的水文站，由于原有稳定的水位、流量、输沙率关系被破坏，原测验方案布置测次不能很好地控制水位、流量、输沙率变化过程，必须通过搬迁或通过增加测验力度，如大力引进 ADCP、OBS-3A 现场测沙仪等新仪器、新设备来解决。

如资料的一致性遭到破坏，对工程建设前的水文资料应妥善保存，并与工程建设后的系列资料进行对比分析，为必要时开展资料还原提供依据。

对于整条河流呈梯级开发，水文站"迁无可迁"的,要考虑水文站与水利工程结合。应争取水利水电工程管理单位向水文部门提供诸如闸门的开启变化及泄流关系曲线等资料。工程自动测报系统收集的信息，应与水文部门联网，双方实现资料共享，互惠互利。在测站搬迁时，要适当考虑调整测站功能，尽量实现与水利工程结合和为工程提供服务的目的，同时实现水资源评价和算清水账的目的。

（2）受水利工程影响的区域代表站和小河站的调整思路

1）进行水文分区

为了实现内部径流特征值，往往需要根据地区气候、自然地理条件和水文特征值，进行区域划分，称为水文分区。应争取在每一个水文分区内不同面积的河流上设1~2个水文站，作为区域代表站，成为向同一水文分区内其他相似级别河流上进行径流移用的基础。

2）分析设站年限

对受工程影响区内的水文站，根据相关统计、检验方法，分析设站年限，确定该站是否已取得可靠的平均年径流资料。

3）分析影响程度，确定调整方案

影响程度分为轻微、中等、显著和严重4级。当为轻微影响时，测站保留，一般情况下不做辅助观测及调查；当为中等影响时，测站保留，一定要做辅助观测及调查，扩大面上资料收集，为需要时配合开展还原计算奠定基础；当为显著或严重影响时，若经辅助观测及调查后表明，测站已失去代表性或补充观测的费用太高，则测站可以撤销，或者保留并调整作为工程服务的测站；测站撤销后，应争取在同一水文分区内补设具有相同代表作用的新站。

# 第二节　水文站网优化原则

## 一、规划目标

### 1.总体目标

根据信息社会发展的需求，实现防洪抗旱、河流治理、水文信息资源管理与保护，规划出整体功能强的水文站网结构，要求测站点数量经济合理，测站位置设置合理，逐步向"最优站网"演进。

### 2.具体目标

在现有单一类型的水文站网的基础上，综合考虑各种不同水文站网之间的相互关系，进行关联、协调、配套，形成区域内功能齐全的综合性水文站网体系，全面发挥水文站网的整体功能。

（1）水文站

紧密结合当前信息社会的实时性服务需求，完善补充主要河流的重要河流段、重点防洪地区、重要的城镇乡村、重点水文功能区，重点水资源保护区、重点水土流失区的水文测站。根据河流的区域规律性布设区域代表站。

（2）水位站

在河道水文站全部都布设水位观测，对无水文站的水域适当增设水位站；在现有水位站的基础上，完善补充中小河流水位站网。

（3）水质站

掌握地表水、地下水、水源地等的水质动态，采集和分析水资源质量。

（4）雨量站

分析雨量和暴雨特征值，控制暴雨的时空变化，获得面分布和面平均降水量。

（5）泥沙站网

完善和细化产沙模数图或侵蚀分布图。为河道治理等布置泥沙站，提供实时的观测数据。

（6）水面蒸发站

区域蒸发计算和研究地区水面蒸发规律。

（7）地下水站

对地下水进行动态的有效监测，提供及时、准确、全面、有效的地下水动态信息。

（8）墒情站

在重点区域建设墒情站，采集土壤墒情信息，满足抗旱减灾决策、水利建设规划、水资源科学管理等需要。

（9）实验站建设

建设研究水文基础理论、水体水文规律以及人类活动对环境和生态影响的实验站。

3.规划原则

统筹兼顾、因地制宜、突出重点。根据水文站网的结构，发挥站网的总体功能。

（1）整体布局。

统一规划布设的各个测站、各个项目测点是一个有机联系的网。根据它所提供的资料，用相关、内插和移用等方法，能解决站网覆盖区域中所有地点的水文问题。水文数学模型把水文循环的某些过程纳入逻辑运算系统，全面考察水文要素的变化和相互联系。这种方法已越来越多地应用到站网规划中来。

（2）前瞻性

充分考虑水文事业是需要超前发展的基础性行业，而水文站网又是水文事业发展的基础，适度加快发展速度，最大限度地满足规划期内全省经济社会发展对水文的要求。

（3）统筹兼顾、全面规划

规划中不仅要考虑水文监测及水资源管理的要求，也要结合当地自然地理实际，做好统筹兼顾、贴近实际；做好干支流、上下游、城市与乡村、流域与区域的协调关系以及各类站点协调发展，在水文站网普查与功能评价的基础上进行调查分析，全面规划水文站网、水位站网、泥沙站网、降水量站网、蒸发站网、地下水站网、水质站网、墒情站网及实验站。

（4）合理密度。站网越密则内插精度越高，但代价也越大。合理密度同在地区上变化的急剧程度、国民经济的发展水平、设站的自然条件和费用等因素有关。

## 二、站网规划

### 1.水位站规划

水位站网的规划，应考虑防汛抗旱、分洪滞洪、引水排水、河道航运、木材浮运、潮位观测、水工程或交通运输工程的管理运用等方面的需要，确定布站数量及位置，一般在现有流量站网中的水位观测的基础上选定。

### 2.水质站规划

水质站分为基本站、辅助站和专用站。基本站必须长期监测水系的水质动态变化，收集和积累水质基本资料。辅助站应配合基本站，进一步掌握水质污染状况。专用站是为某种专门用途设立的。

### 3.雨量站规划

雨量站分为面雨量站和配套雨量站。面雨量站，应能控制月年降水量和暴雨特征值在大范围内的分布规律，要求长期稳定。配套雨量站，应与小河站及区域代表站进行同步的配套观测，控制暴雨的时空变化，求得足够精度的面平均雨量值，以探索降水量与径流之间的转化规律，与面雨量站相比，要求有较高的布站密度，并配备自记仪器，详细记载降雨过程。

# 三、水文站网管理系统规划

## （一）系统总体规划

水文站网的总体规划原则是：整体规划、找准瓶颈、以点带面、分步解决。系统建设遵循"总体规划，分步实施"的原则，强调三分技术、七分管理的指导思想，总体目标是：基于公司信息化建设现状，从管理模式出发，理顺水务管理信息系统的生产组织机制的关系，明确岗位设置，强化授权管理、闭环管理等手段，将现代技术手段和新型管理思想相结合。

规划原则，遵循国家与行业主管部门的相关规范规程。

### 1. 先进性

设计的技术方案起点要高，系统充分吸收国内外成熟的经验和以往的研究成果，尽量采用国内外先进的设计思想、应用技术，方法、软件和硬件设备，并要考虑这些技术、方法和软硬件的发展趋势，以保证系统的先进性和具有较长的运行周期。

### 2. 实用性

压电水库洪水预报调度系统主要是为压电水库防洪调度决策提供支撑的量化系统。系统设计紧密结合压电水库的防洪特点和实际要求，充分考虑系统的实用性和可操作性，做到界面清晰，操作简便。

### 3. 安全可靠性

压屯水库洪水预报调度系统本身虽不涉及水情遥测系统中的测站，但由于数据的可靠及安全性尤为重要。因此，在设计中应充分考虑系统的安全性和可靠性，以保证系统的正常运行。

### 4. 实时性

在抗洪抢险中，时间就是生命。为了及时地掌握信息，供有关领导和上级主管部门做出正确的决策，尽可能地减少洪灾造成的损失，在设计中从获取信息、信息处理和做出预报都要强调实时性。

### 5. 通用性

选用符合国际标准的产品，以保证所建系统具有较长的运行周期和扩展接口，满足将来系统升级的要求。系统各功能应结构化、模块化、标准化，具有良好的容错和自诊能力。

## （二）站网管理系统规划

### 1.信息采集与传输系统

信息采集与传输系统是整个系统建设的基础。系统建设应充分利用现代科学技术成果，以实现信息自动采集传输为目标，安装或改造信息采集与传输基础设施设备，采用信息数据自动采集、人工采集与外部收集相结合的方式，逐步提高信息采集、传输、处理的自动化水平，扩大信息采集的范围，提高信息采集的精度和传输的时效性，形成较为完善的信息采集体系。

现有水文站网数据传输主要以短波无线电对讲机或人工电话传输。现有站网数据传输方式不适应自动测报系统的数据传输通信要求，在水文测站与水文局之间建立适应自动测报系统的数据传输通信网。数据传输通信网的设备与参数，可在水利部门的防洪报汛信息网或水文部门的自动测报网规划的设备与参数中选定。水文局可作为州防洪报汛信息中心的分中心，并辐射至各地表、地下水水质监测站点，实现实时水情的可视化监控。

### 2.在线监测系统

水资源管理监测：根据水资源配置、水权分配与监督管理、水体的水文特征、水质特征、污染源分布状况和国家有关标准规范进行水资源监测站网布设，重点考虑行政区界水功能区、供水水源地、入江排污口、水生态脆弱区的站网布局。

地下水监测：根据地下水的功能特点和水资源合理配置的需要，针对地下水开发利用和保护管理过程中存在的问题，提出分区分类地下水保护与利用的方案和措施，设计地下水管理的制度框架。

江、河流水文监测：充实完善水文站、水位站、雨量站等监测站点，建成全覆盖的江、河流的水文监测体系。

城市水文监测：城市化加速了区域或局部环境变化，改变了区域下垫面条件，是典型的人类活动影响对区域水文规律改变的过程。城市水文涉及防洪排涝、城市水环境、城市供水、城市给排水、城市规划设计和城市景观等多个方面，因此，在城市水文站网布设方面，要根据城市水文工作的特点，选择不同区域、不同下垫面类型、不同城市规模的代表性区域，布设城市水文站。

水生态监测：开展水生态监测随着经济社会的发展和人民生活水平的提高日益重要，在水生态监测站网规划方面，要重点考虑水质（藻类等生物类）监测、绿水监测，加强生态脆弱区、江河水入侵区等特殊类型区的监测，积极推动水文形态监测，加强河流、湖泊水文及支持生物质量要素的形态监测和分析等。

旱情监测：受全球气候变暖影响，干旱缺水的问题有加重趋势，防旱、抗旱工作面临严峻挑战，目前，防旱抗旱体系还很不完善，旱情监测系统建设严重滞后，旱情信息十分匮乏，缺少比较规范的旱灾评估体系，无法对旱情发展趋势做科学分析和预测，旱情站网规划要根据各地的自然地理、水文气象、干旱特点和旱情发展趋势以及抗旱减灾工作需要，以区县为单位，结合实际旱情监测需要和土壤类型及作物分布，进行旱情监测站的布设。

### 3. 视频监视系统

数字视频监视系统是以数字视频处理技术为核心，综合利用光电传感器、计算机网络、自动控制和人工智能等技术的监控系统。

### 4. 数据资源管理平台

数据资源管理平台的主要作用是满足海量数据的存储管理要求；通过数据的备份，保证数据的安全性；整合系统资源，避免或减少重复建设，降低数据管理成本；整合数据资源，保证数据的完整性和一致性。

### 5. 应用支撑平台

应用支撑平台的设计定位，是以应用支撑平台的复杂化换取应用系统的简单实现，各业务应用系统的建设将依赖于应用支撑平台，因此，应用支撑平台是应用系统开发的基础设施。通过支撑平台提供的机制与技术手段，基本打通"信息壁垒"，实现跨系统间数据、流程、界面的集成与共享，解决应用系统间交互操作的问题。

### 6. 业务应用系统

业务应用系统的建设是在深入进行水资源管理业务需求分析的基础上，综合运用组件技术、地理信息系统（GIS）等高新技术，与水资源专项业务相结合，构建先进、科学、高效、实用的水资源实时监控与管理系统。

水利部水文局的全国水情综合业务系统现采用实时水情数据库系统软件，对实时接收的报文进行入库处理。在小流域范围内只需几分钟时间即能完成数据收集和处理，及时提供重点河段、水库的雨情水情。自动测报系统开始用于汛期的水文情报收集、水文站网资料收集兼顾洪水预报、调度及资料整编。计算机的使用由单机发展到计算机网络和建立数据库，任何一个地方的终端都可以调用数据，共用情报发布。

## （三）系统业务功能

### 1. 站网编辑

#### （1）属性

对系统数据库属性进行修改。

（2）地图

对已设立或新建站点的地图信息进行修改或增加。

（3）站点信息

对已设置的站点信息的编辑功能。能够对站点名称、站点编号、站点所在地、测站类型、站点级别、所属水系、属地、所属项目、状态信息、所属的管理部门、建站改造时间进行编辑修改。

2. 站网查询

（1）综合查询

系统提供对已收录的遥测站点信息的查询功能。能够按照站点名称、站点编号、站点所在地、测站类型、站点级别、所属水系、属地、所属项目、状态信息、所属的管理部门、建站时间等条件，结合电子地图的强大功能，实现遥测站网信息的综合查询、统计、展示等功能。

（2）站网信息查询

系统提供站网信息的统计功能。可以统计基本水文站及各类遥测站，包括水位站、雨量站、水质站、流量站等各类遥测站点的数量及分布情况，为日后遥测站建设的总体宏观把握提供数据支持。

系统提供站网信息的导入导出功能。工作人员可以根据系统站网信息查询的结果，将自己需要的信息通过 Word 文档、Excel 表格的形式从系统中导出，也可以通过特定格式的 Excel 机交互支持，实现异构异地环境下，多部门群体协商的有效决策。

（3）站网信息打印

系统支持站网信息的打印功能。工作人员可外接打印机，对查询结果直接打印输出。系统提供站网图片上传的功能。当有遥测站点进行新建或者改造时，需要对 GIS 平台上的相关照片进行添加或者更新，管理人员可以通过站外图片上传的功能，将图片上传到系统中，实现图片的更新，并能在 GIS 平台上将新的图片直观地展示出来。

3. 站网维护

（1）站网信息维护

系统提供遥测站设备信息、周围环境信息、所属管理部门、现有设备的检定时间、设备总体安装时间等站网基础信息，并对这些信息进行录入、修改、注销。另外，系统对数据修改人员的权限进行严格控制，同时利用数据字段约束机制，确保数据修改时不产生人为的错误。

（2）遥测站运行维护管理

系统提供水文站点信息的查询、统计、维护、发布功能。信息的主要内容包括：测站名称、测站编码、测站所在地、测站类型、状态信息、检定数据、站点设备信息、所属的管理部门、设备的检定时间、设备安装时间，并能以报表的形式提供展示。

遥测站管理系统的业务应用将依托 GIS 平台，采用图形的展示方式，使信息的表达方式更加直观、效率更高，为用户提供易于操作、易于使用、内容展现丰富的站网信息服务系统。系统的响应及运行速度快，能够满足站网维护、站网查询、统计等日常工作要求。遥测站管理系统主要由设备运行监控、维护维修信息管理、设备检定标校信息管理三部分组成。

（3）设备运行监控

设备运行监控系统对设备的运行情况进行监控，并在设备出现异常时报警，实时掌握设备的运行情况，保证遥测站有一个更快、更稳定的运行环境。

# 第三节　优化的方法

## 一、水文站网构成

水文测站是在河流上或流域内设立的按一定技术标准经常收集和提供水文要素的各种水文观测现场的总称。按目的和作用分为基本站、实验站、专用站和辅助站。基本站是为综合需要的公用目的，经统一规划而设立的水文测站。基本站应保持相对稳定，在规定的时期内连续进行观测，收集的资料应刊入水文年鉴或存入水文数据库。实验站是为深入研究某些专门问题而设立的一个或一组水文测绘站，实验站也可兼作基本站。专用站是为特定目的而设立的水文测站，不具备或不完全具备基本站的特点。辅助站是为帮助某些基本站正确控制水文情势变化而设立的一个或一组站点。辅助站是基本站的补充，弥补基本站观测资料的不足。计算站网密度时，辅助站不参加统计。

水文测站按水文观测场所统计称为按独立站统计。一个独立站可以收集多个水文要素，或称包含多个观测项目。

水文测站按观测项目可分为流量站、水位站、泥沙站、雨量站、水面蒸发站、水质站、地下水观测站。流量站（通常称作水文站）均应观测水位，有的还监测泥沙、降水量、水面蒸发量与水质等；水位站也可监测降水量、水面蒸发量。这些监测的项目，在站网规划和计算布站密度时，可按独立的水文测站参加统计；在站网管理和刊布年鉴时，则按观测项目对待。

水文站网是在一定地区，按一定原则，用适当数量的各类水文测站构成的水文资料收集系统。由基本站组成的水文站网是基本水文站网。把收集某一项水文资料的水文测站组合在一起，则构成该项目的站网。如流量站网、泥沙站网、水位站网、雨量站网、水面蒸发站网、水质站网、地下水观测站网等。

## 二、流量（水文）站网

流量（水文）站可以根据目的和作用、控制面积大小和重要性等进行分类。

### 1. 基本站、辅助站、专用站和实验站

以目的和作用为标准，水文站可分为基本站、辅助站、专用站和实验站4类站。

需要指出的是，根据《水文站网规划技术导则》，辅助站是为帮助某些基本站正确控制水文情势变化而设立的一个或一组站点，计算站网密度时辅助站一般不参加统计。本次评价根据流域水文测站的实际情况，进一步把辅助站划分为枢纽式辅助站和一般辅助站。枢纽式辅助站主要指由于水利工程导致主河道流量分散，需要通过一组辅助断面，协助合成流量，即一站多断面情况，其本身并不具有独立的水文资料收集功能；一般辅助站主要指为了弥补基本站在空间分布的不足而设立的一些短期观测站，目的是建立与基本站的关系，推求水文情势的时空分布，或推求水网地区水量平衡。在海河流域，一般辅助站多属后者。

在海河流域现有水文站（流量站）中，基本站289处，专用站25处，共314处。

（1）基本站

基本水文站是现行站网中的主体。从经济的角度看，由于运行经费的限制，在基本站相对稳定的情况下，可以通过设立相对短期的一般辅助站，与长期站建立关系，来达到扩大资料收集面的目的。海河流域基本水文站主要布设在主要河道、水库的入库河流、平原的闸坝枢纽以及重要行洪河道，主要用于收集河流水文信息，为流域规划和水利工程设计提供依据，进行径流预报，为防汛减灾决策提供依据。

目前，海河流域共有基本水文站289处，在海河流域水文站网中占有绝对主导地位。

海河流域是开展水文水资源监测工作较早的流域，其基本水文站网主要是新中国成立后发展起来的，至今已形成一套较为完整、相对合理的以收集基本水文资料和为防汛抗旱、水资源管理利用服务的水文监测体系。新中国成立后，人民政府大力兴修水利和进行经济建设，迫切需要水文资料，水文站网得到了迅速发展。

（2）辅助站

辅助站分为枢纽性辅助站和一般性辅助站，枢纽性辅助站（断面）依赖于基本站而存在，有的站与基本站断面同时建立，有的站在水文测站受水利工程影响后补充设立，枢纽性辅助站是随着基本站的建设而调整变化的。一般性辅助水文站（断面）目前主要是为了分析计算区域水资源量而设立的辅助观测断面，一般采用巡测的方式，并不完全具备世界气象组织所要求的辅助站的特点。

目前海河流域共有辅助水文站 494 处。辅助站的发展概况与基本水文站的发展相似，新中国成立前经济建设和水利建设均较缓慢，基本站和枢纽性辅助站受社会发展制约，建设速度较缓慢。一般辅助站主要分布在洼淀的入口、排沥河道的入海口处等，其建设是随着水利工程的兴建、平原区排沥河道的开挖等而设立的。

（3）专用站

海河流域专用站比较少，由水文部门负责管理的专用水文站 25 处，占全部 314 处水文站的 8%。基本是由水利部门结合水利工程、地区防汛抗旱要求而设立的。专用站从新中国成立后开始设立，发展比较缓慢，目前远远不能满足实际需求。随着经济的快速发展，对水文服务的需求也变得更加广泛，对专用水文站的需求也日益显现，为了满足当前水资源管理、水环境保护和社会各部门对水文资料提出的新的需求，今后需要在各大中型灌区、引调水工程等设立专用站，做好水量监测工作，充分发挥水利工程的作用。

（4）实验站

海河流域实验站目前仅有河北省保定冉庄 1 处实验站，是国家"六五"期间重点科技攻关项目建设的重点实验站。实验站主要研究太行山前平原区降水、蒸发、径流、产沙和入渗补给规律及计算参数，研究大气水、地表水、土壤水和地下水相互作用和相互转化机理与规律等。

2. 大河站、区域代表站、小河站和平原区水文站

水文站按所在控制面积大小可分为大河站、区域代表站、小河站等 3 个类别。另外，位于平原水网地区的水文站称为平原区水文站。

控制面积为 3 000~5 000 km² 以上大河干流上的流量站，为大河控制站。大河控制站采用直线原则布站，以满足沿河站任何地点各种径流特征值的内插。干旱区在 300~500 km² 以下、湿润区在 100~200 km² 以下的河流上设立的流量站，称为小河站。集水面积处于大河站和小河站之间的，称为区域代表站。位于平原水网区，水系相通，无法测算集水面积的水文站，称为平原区水文站。

海河流域 289 处基本水文站中，大河站 116 处，占基本水文站总站数的 40.1%；区域代表站 102 处，占基本水文站总站数的 35.3%；小河站 56 处，占基本水文站总站数的 19.4%；平原区水文站 15 处，占基本水文站总站数的 5.2%。

（1）大河控制站

目前，海河流域已布设大河控制站 116 处，占基本站网总数的 40.1%。测站布设基本合理，主要布设在各河的干流、重要支流以及水库、洼淀的入口、出口处及河流入海处，基本能够监测全流域的大河干流水文要素，能够满足河流治理、防汛抗旱、水资源管理和重大水利工程等国民经济的需要。大多数站基本符合标准中"任何两站之间，正常年径流量或相当于防汛标准的洪峰流量递变率，以不小于 15% 来估计布站数目的上限，困难地区递变率可增大到 100%~200%"的规定。

（2）区域代表站

区域代表站采用区域原则布设，其目的在于控制流量特征值的空间分布，通过径流资料的移用技术，提供分区内其他河流流量特征值或流量过程。应用这些站的资料，可进行区域水文规律分析，解决无资料地区水文特征值内插需要。区域代表站的分析就是验证水文分区的合理性、测站的代表性，各级测站布设数量是否合理，能否满足分析区域水文规律和资料地区各项水文特征值的需要。

海河流域现有区域代表站 102 处，占基本站网总数的 35.3%。现有区域代表站基本能够满足区域代表性分析的需要，可以为工程规划、建设等方面提供基本资料，发挥区域代表站的作用。但也存在一些问题，如测站分布不均匀，山区多，平原少，需要在以后的水文站网规划中逐步补充。

（3）小河站

小河站采用分区、分类、分级规则布站。海河流域现有小河站 56 处，占基本站网总数的 19.4%。由于水文站网规模总体偏小，站网建设主要集中在中大河流上，小河站偏少，主要用于探索暴雨洪水规律，这在过去是合理的。随着经济社会的发展和对民生的日益关注，防洪需求也正由中大河流重点区域越来越转向更加全面、更加均衡的区域服务。小河站大多位于山区，在突发性山地灾害预警预报中可以起到独特的作用，因此现阶段小河站的角色已不同于过去，更多地被赋予山洪预警的任务，从这一目标出发，小河站应较历史有一个加快的发展，在承担实时水情任务的同时，也为更多收集暴雨洪水规律积累资料。

（4）平原区站

海河流域现有平原区水文站 15 处，占基本站网总数的 5.2%，基本能控制水平衡区的进、出口水量。平原区水文站的布设应按水量平衡和区域代表相结合的原则进行。

3. 国家重要站、省级重要站和一般站

根据水利部《关于重新发布国家重要水文站、省级重要水文站划分标准》和公布第二批《国家重要水文站名单的通知》，基本水文站按照重要性划分为国家重要水文站、省级重要水文站、一般水文站3类。

（1）国家重要水文站

对于符合下列条件之一者，为国家重要水文站。

1）向国家防汛抗旱总指挥部（简称国家防总）报汛的大河站。

2）国际报汛站；承担国际水文水资源资料交换的站；流域面积大于1 000 km² 的出入境河流的把口站。

3）集水面积大于1 000 km²，且正常年径流量大于3亿 m³ 的站；或集水面积大于5 000 km²，且正常年径流量大于5亿 m³ 的站；或正常径流量大于25亿 m³ 的站。

4）库容大于5亿 m³ 的水库水文站；库容大于1.0亿 m³，且下游有重要城市、大型厂矿、铁路干线等对防汛有重要作用的水库水文站；库容大于1.0亿 m³，水库为国家主要病险库的水库水文站。

5）对防汛、水资源勘测评价、水质监测等有重大影响和位于重点产沙区的个别特殊基本水文站。

（2）省级重要水文站

对于符合下列条件之一者，且未选入国家重要水文站的，可列为省级重要水文站。

1）大河控制站。

2）向国家防总、流域、省、自治区、直辖市防汛部门报汛的区域代表站。

3）国界河流、出入国境或省境河流上最靠近边界的基本水文站。

4）对防汛、水资源勘测评价、水质监测等有较大影响的基本水文站。

（3）一般水文站

未纳入国家和省级重要水文站的其他基本水文站为一般水文站。海河流域现有国家重要水文站91处，占基本水文站总站数的31.5%；省级重要水文站115处，占基本水文站总站数的39.8%；一般水文站83处，占基本水文站总站数的28.7%。这说明海河流域的基本水文站在不同方面都均衡地发挥着作用，而且国家重要水文站和省级重要水文站的主导地位得到确立，主要和重大的水文任务能够较好地履行；另一方面，由于重要性级别划分标准的制定距今已有久远，水文行业的服务范围已经大为拓展，很多并未划分到重要水文站的测站实际上已经肩负了新时期重要的服务内容，而这些测站的比例仍然偏少。

## 三、泥沙站网

河流泥沙状况对水资源的开发利用、防洪减灾、保护河流生态、维持河流健康都有重大影响，越来越受到社会关注。

泥沙测验项目根据泥沙的运动特性可以分为悬移质、沙质推移质、卵石推移质和床沙4类，每一类别根据其测验和分析内容又可分为输沙率测验和颗分测验。一般来说，悬移质泥沙是主要的泥沙测验项目，颗分项目一般依附于输沙率项目。本次只对悬移质泥沙进行统计和评价。

海河流域各河中，漳河、滹沱河、永定河、潮白河、滦河均发源于背风山区，源远流长，山区汇水面积大，水系集中，河道泥沙较多。卫河、滏阳河、大清河、北运河、蓟运河发源于太行山、燕山迎风坡，支流分散，源短流急，洪水多经洼地滞蓄后下泄，河道泥沙较少。永定河的沙量不但居全流域各河系之首，从全国、全世界来看也是比较突出的，素有"小黄河"之称。

海河流域是我国开展水文观测最早的流域，1892年海河干流上的小孙庄站开始含沙量观测。目前，大部分泥沙站设在山区的大河干流、重要支流上以及水库的出入口处，水土流失严重地区的主要河流及站点稀少地区、平原区的主要行洪排沥河道及闸坝枢纽的出入口处也布设有泥沙站。现有泥沙站点基本能够控制各河泥沙的输沙变化。

海河流域现有泥沙站212处，其中进行颗分测验的106处。全流域泥沙站占基本水文站流量测验断面的比例较高，为37.6%。这是由流域河流泥沙问题比较严重的现状决定的。泥沙站中，有50%的测站进行悬移质颗粒分析测验。

## 四、水位站网

水位站根据其独立性可分为水文站的水位观测项目和独立水位站2类。海河流域现有615个断面观测水位，其中独立水位站23处，水文站的水位观测项目592个断面。

从全流域来看，水文站的水位项目占观测水位断面的比重较大，而流域内的独立水位站比例较低。

## 五、雨量站网

海河流域现有雨量站1 817处，其中独立的雨量站有1 531处，水文站、水位站有雨量观测项目的 286 个。

雨量站与水文站比例按照独立雨量站与基本水文站之比计算，全流域为 5.3，即平均 1 个基本水文站对应 5.3 个独立雨量站。根据 WMO 的意见，平均 1 个水文站应至少对应 2 个雨量站。海河流域雨量站网与水文站网的关系总体上尚比较协调，比例关系基本合适，但与一些发达国家相比，雨量站网规模还需要进一步发展。从流域内各水文机构分析，海委由于管理范围为河道及水利工程，因此雨量站与水文站比率低，不具有代表性；北京市、天津市雨量站与水文站比例低，是区域内水文站网密度大所致。

海河流域雨量水文站配比程度较高，但区域内降水量较少，大部属半干旱半湿润或干旱半干旱气候带内，雨量站网需要进一步优化。

## 六、蒸发站网、水质站网和地下水站网

蒸发是自然界水量平衡三大要素之一，水面蒸发量是反映当地蒸发能力的指标。主要受气压、气温、湿度、风、辐射等气象因素的影响。布设水面蒸发站网是满足面上流域蒸发计算的需要和研究水面蒸发的地区规律。

江河水质是河流水文特征之一，分析江河水质特征及其时空变化，是评价水质优劣及其变化的主要内容。江河天然水质的地区分布，主要受气候、自然地理条件和环境的制约。海河流域水文部门有水质站 689 处，其中与水文站、水位站结合的 144 处，独立水质站 545 处。与水文、水位站结合的 144 个水质站中，140 个设在水文站，4 个设在水位站。

地下水是许多城市的主要供水水源，对经济社会的可持续发展起着十分重要的作用。地下水监测信息是合理开发利用地下水，优化配置水资源，加强生态环境保护和做好抗旱工作的重要依据。海河流域有地下水站 3 081 处，其中与水文站、水位站结合的 64 个，独立的地下水站 3 017 个。海河流域属于人口密集的干旱半干旱地区，所以站网密度相对较高。

# 第四节 "大水文"发展理念下站网优化的意义

## 一、"大水文"发展理念下站网优化的意义评价

按照社会公众对水文资料的需求，水文站大体上可分为两类：一类是满足当前应

用需求的测站，例如满足防汛抗旱、水资源管理、水工程建设与运行等要求的测站；另一类是满足将来应用需求的测站，其规划与调整理论是基于水文统计理论下，应用概率论、统计学原理、水文模型等的方法，在流域进行开发或使用资料时价值才能充分显现出来。这类站点的设置要求是能长期连续观测、资料形成长系列。

《水文站网规划技术导则》针对平原区水网串通特点，要求站网布设设计要依据水量平衡原则，所以水文测验对象应是水平衡区，对水平衡区的控制情况开展评价也是水文站网评价的重要内容。根据水文站网分类及布设原则，站网评价包括：站网目标评价，各类站网密度评价，站网布局评价，站网基本情况分析评价，水文站受水利工程影响评价，站网功能评价，测站年限检查，水文分区和区域代表站分析等。

### 1. 水资源服务需求评价法

水资源服务需求评价法是从水文站网设置所能够满足水利工程服务的角度量化的评价方法。

站网评价所需工作步骤如下：

（1）收集、分析各河系水利工程资料、水文水资源监测站点资料。

（2）按水利工程服务功能分类分析确定工程对水文站网功能的需求。

（3）确定水系、河流水文站点与河道水利工程分布控制关系。

（4）统计水利工程需要布设的监测断面现有水文站点控制的比例，进行站网评价。

水利工程资料主要包括主要河流基本情况，河道水利工程分布，水文站以上（区间）主要水利工程基本情况，分洪口门、水库（洼淀）基本情况等。

评价的主要内容是统计已建工程的个数、现有监测断面数（其中由水文部门施测的断面数）；统计在建、拟建工程的个数，需要监测的断面数，以及将来由水文部门负责施测的断面数。结合实际工作中的经验和对信息支撑的需求，评估现行站网对水资源服务的满足程度。

### 2. 水平衡区评价法

水量平衡是指地球上任一区域或水体，在一定时段内，输入的水量与输出的水量之差等于该区域或水体内的蓄水量。

水平衡区评价法是从水文站网设置所能够满足区域水量平衡的角度量化的评价方法。

站网评价所需工作步骤如下：

（1）收集有关行政区域、水文水资源分区资料和各分区河系水利工程资料、水文水资源监测站点资料。

（2）进行水平衡分区。

（3）确定区域分析区内水文站点与区域水利工程分布控制关系。

（4）统计水平衡分区外包线形成封闭的周界线上水利工程需要布设的监测断面和现有水文站点控制的比例，进行站网评价。

评价内容是首先划定水平衡区，水平衡区分为大区、小区和代表片三种。考虑当地水文水资源分区特点，代表片分析较困难，目前尚不具备条件，故主要针对大区和小区研究站网布设的评价。大区是指在统一规划下进行水利治理、水资源统一调度使用的区域，或北方地区的水资源供需平衡区。小区是指在大区中按土壤、植被和水利条件来划分的区域，或大区面积过大者进一步根据水量平衡从中划分的若干中区或小区。其次是划定水平衡区的外包线形成封闭的周界线，统计周界线上的进出口门数，为需求目标。最后根据点—线—面的原则来评价现有站网对水平衡区的控制，将基本站、辅助站、巡测断面有机结合起来，综合判断水平衡区周界线上的进出口门被控制的比例、缺口的大小。评估水文站网设置所能够满足区域水量平衡的满足程度。

3. 评价实例分析

（1）水资源服务需求评价实例分析。实际工作中，可以进行的水文站网满足水资源服务需求评价方法很多，可以分别以不同角度进行评价，根据水文站以上（区间）主要水利工程基本情况进行评价是其中方法之一。

根据水文站以上（区间）的主要水利工程分布，统计各工程的设计流量并对其求和；统计由水文部门施测的断面设计流量并对其求和；计算被控制进出水量占总进出水量比例。

从滨州市部分主要河道上水资源服务需求评价成果中可以看出，有的河段如北京排污河平衡区的水文站网已接近能够满足水资源服务需求，有的河段其满足程度明显不足。如果在这些明显有不足的河段上，选择设计流量较大的水利工程，布设水文监测断面，控制进出水量，可提高满足水资源服务需求程度。若满足水资源服务需求程度达到80%~90%，其中基本站控制水量比例能达到50%以上，视为基本满足目标。

另外用统计过水频率、过水总量等方法进行水资源服务需求评价，都是非常有效的评价方法，尤其是多种方法结合应用，将会有非常好的评价效果。

需要指出，滨州市水文测站的设站目的多为满足当前应用需求，这类测站的位置和测验任务设置和施测时间要根据服务对象的需求而定，并且要运行到服务对象不存在为止。

（2）水平衡区评价实例分析。滨州市的水平衡区评价可分为大区、小区分别评价。

考虑滨州市总面积仅 11 919.7 km²，辖区较小，其评价的大区可确定为整个滨州市；大区评价又可按出境水量控制和入境水量控制分别评价。小区评价则根据水利条件来划分区域，选择外包线形成封闭的周界线按水量控制进行评价。

大区评价：滨州市共有入境河流 36 条，各河入境设计总流量达 19 338 m³/s，滨州市设站控制的设计总流量为 1 680 m³/s，控制比例仅为 8.7%。滨州市共有入海河流 9 条，各河入海（出境）设计总流量达 16 560 m³/s，滨州市设站控制的总流量为 8 100 m³/s，控制比例仅为 49%。根据该评价结果，增设出入境监测站是非常必要的。

小区评价：滨州市外环河是环绕中心城区的河道，根据该特点其内容可划分为一个平衡小区。本平衡区边界口门进出设计总流量为 3 165 m³/s，现有水文控制量为 0，若增加海河、子牙河水文控制断面，则水文控制比例可达到 73%。若增加北运河、海河、子牙河、新开河水文控制断面，则水文控制比例可达到 92%。该评价结果可清晰地反映出评价是站网调整的重要依据。一条周界线上，可在主要河道口门上设若干个基本站，若被控制进出水量占总进出水量比例能达到 80%~90%，其中基本站控制水量比例能达到 50% 以上，视为基本满足目标。若小于此比例，应考虑增设基本站的必要。

在进出水量较小的口门仅设置对基本站网起配合作用的辅助站、巡测站。辅助站可以利用已建的堰、闸、抽水站等，也可借助辅助站与基本站相关关系来简化测流。能够有效提高水文控制比例。

## 二、总体评价

水文站网功能是指通过在某一区域内布设一定数量的各类水文测站，按规范要求收集水文资料，向社会提供具有足够使用精度的各类水文信息，为国民经济建设提供技术支撑。

单个水文测站的设站目的一般为：报汛，为灌溉、调水、水电工程服务，水量平衡计算，为拟建和在建水利工程开展前期工作服务，实验研究等。测站功能一般体现在 8 个方面：一是分析水文特性规律，如研究水沙变化，分析区域水文特性和水文长期变化；二是防汛测报，包括水文情报和水文预报，为国民经济相关部门提供水文信息服务，为防汛决策部门提供技术依据；三是水资源管理，如进行区域水资源评价，省级行政区界、地市界和国界水量监测，城市供水、灌区供水、调水或输水工程以及干流重要引退水口水量监测等，为水行政主管部门提供水量变化监测过程，更好地进行水资源优化配置；四是水资源保护，如进行水功能区、源头背景、供水水源地和其他水质监测，为水资源保护提供依据；五是生态保护，如开展生态环境监测和水土保持监测；六是规划设计，如前期工程规划设计和工程管理等；七是完成某些法定义务，如执行专项协议、依法监测行政区界水事纠纷以及执行国际双边或多边协议等；八是开展水文实验研究等。

通过一定原则布设的单个水文测站组成的水文站网将具有区域或流域性的整体功能，譬如通过某一区域内的雨量站网可以掌握整个面上的降水分布情况，或内插出局部无站点地区的降水情况；通过上下游水位测站可以内插出站点间任一河段的水位（水面比降一致）。鉴于水平衡原理，水文循环具有特定的规律，各类水文信息之间有着密切联系，各类水文测站之间可以互为补充，互为加强，水文站网是一个有机的整体，通过科学布设的水文站网具有强大的整体功能，从而可以依托有限的水文测站，以最小投入，获得能够满足社会需求的水文站网整体功能。

水文站设站功能评价的目的是通过对各个水文站设站功能进行调查，经统计汇总，形成现行水文站网的功能比重，用以分析站网的主要服务对象，以及在功能方面需要强化或需要调整的方面，为今后水文站网建设、调整提供依据，使水文站网最大限度地满足社会发展需要。

根据对现行水文站网设站功能的分类统计，海河流域的 808 处水文监测断面承担着水文情报、水资源评价、水质监测、生态环境保护、干流引退水、水量调度、水土保持、工程管理、实验研究等 20 多项监测任务。其中水资源评价 449 处，水文情报 442 处，水沙变化 276 处，区域水文 171 处，工程运行 222 处，水文气候长期变化 140 处，灌区供水 122 处，水土保持 134 处，水功能区界水质 74 处，供水水源地水质 29 处，源头背景水质 13 处，其他水质监测 95 处，水文预报 124 处，省级行政区界 73 处，城市供水 37 处，调水或输水工程 62 处，干流重要引退水口 34 处，地市界 40 处，规划设计 523 处，生态环境保护 10 处，执行专项协议 9 处，实验研究 3 处，其他功能 2 处。

海河流域水文站网功能较全，除了行政区界法定监测功能没有外，另外 23 项指标全部覆盖。功能比较突出的是规划设计（64.7%）、水资源评价（55.6%）、水文情报（54.7%），占 50% 以上；其次为水沙变化（34.2%）、工程管理（27.5%）、区域水文（21.2%），占 20%~35%；水文气候长期变化（17.3%）、水土保持（16.6%）、水文预报（15.3%）、灌区供水（15.1%）、其他水质监测（11.8%），占 10%~20%；其余功能均不足 10%。

这说明，收集常规水文资料，为水资源分析评价、防汛抗旱、水工程规划设计及运行、水环境监测保护提供基础性、公益性信息，是海河流域水文站网的主体功能。

以流域为单元的水资源管理模式是今后发展方向，在跨流域调水工程，省级行政区界、地市行政区界水资源监测，区域引水调配工程口门水资源计量中心，水文站网必然担当重要角色，但是现行站网在水资源管理方面的功能还较为薄弱，应在今后站网建设中重点关注。

全力做好水资源和生态环境保护是目前社会发展的必然要求，是落实科学发展观的具体表现。目前水文站网的生态环境保护、源头背景水质等功能较弱，需要重点加强这方面的站网建设。

随着经济快速发展，城市化进程日益加快，有关城市水文的新问题不断出现。具有城市水文功能的水文站主要分布在城市边缘，在开展城市水文分析中如何利用这些水文站仍是需要研究的问题。

其他专项功能比重小于 10%，如流域调水、重要引退水口、水源地水质、执行专项协议等，带有特定和专项目的，取决于服务对象的存在形式及其对测检站的委托。基本水文站网无法全部实现特定要求，应通过设立专用站、实验站或辅助站解决。

国家基本水文站网无疑是水文工作的主要依靠对象，是水文部门代表政府为社会公众提供基础信息的主要数据平台。水文站网总体上已经形成基本骨干站网，并被赋予较多的功能。目前水文站网功能以水文特性资料收集、防汛抗旱和规划设计为主，水资源评价、水文情报预报、水沙变化、区域水文等也是站网较为突出的功能，大江大河水文站功能较为全面。在更加紧密结合社会特定需求方面，除在基本水文站增加功能外，应通过设立专用站满足用户需求。

## 三、主要设站功能意义评价

### （一）概述

#### 1. 规划设计

规划设计站网功能海河流域平均比例为 64.7%，略低于全国平均比例的 71%。从新中国成立之后大量设立的水文站点，为水利工程规划设计服务是站网最主要的目标之一，从统计情况看，此项功能较强，基本能满足水利规划设计的需要。

#### 2. 水资源评价和水文情报

从这两个主要的站网功能所占比例看，海河流域平均比例分别为 55.6% 和 54.7%，低于全国平均比例（70%）。

海河流域各河系中，潮白河、蓟运河、北运河、海河干流以及南运河的水资源评价的比重明显低于 60%；对于水文情报功能，仅河北沿海诸河、子牙河以及徒骇马颊河高于60%。海河流域在今后的站网布设中，需要进一步加强水资源评价和水文情报功能。

3. 水沙变化

从站网的水沙变化功能占测站总断面的比例分析，流域平均为34.2%，低于全国平均比例（42.2%）。各河系中永定河、河北沿海诸河水沙变化的站网功能相对较强。

4. 水功能区界水质

从水功能区界水质站网功能所占测站总断面的比例分析，海河流域平均比例仅为9.2%，低于全国平均比例（14.2%）。虽然有大量独立的水质站点并不包括在水文站中参加本次评价，这一指标不能完全反映水质监测的整体能力，但在一定程度也反映水量、水质的结合问题，应重点加强此功能。

5. 工程管理

从为工程管理服务站网功能所占测站总断面的比例分析，流域平均比例为27.5%，略高于全国平均比例（22.9%）。随着经济社会的发展，水利工程建设管理日趋完善，对水文站网的需求也日益增加，需要继续加强水文站网的工程管理服务功能。

## （二）水文分区与区域代表站评价

1. 水文分区

（1）水文分区的目的

水文分区是根据地区的气候、水文特征和自然地理条件所划分的不同水文区域。在同一水文分区内，同类水体具有相似的水文特征和变化规律，或在水文要素和自然地理特征间有良好的关系，以便在分区内合理布设测站，研究分析综合地理参数，达到计算出保证内插地点一定精度水文特征值的目的。

水文分区是水文站网规划的基础，其目的在于从空间上揭示水文特征的相似与差异、共性与个性，以便经济合理地布设区域代表水文站网。通常的水文分区主要是指面上布设区域代表站，以满足内插径流特征值为目的区划，为区域代表站网规划服务。

（2）水文分区的意义

水文分区就是按照水文现象的相似性和差异性，将区域划分为若干个区。每个区内有比较一致的水文条件，各区之间存在着一定的差异。水文区划着重于认识水文现象的客观规律。

中小河流对水文区划有重大意义。因为中小河流是河流中的大多数，其集水面积大都位于同一自然地带内，其水情能够明显地反映出该地带的典型特征。而大河往往跨越几个不同的自然地带，其水文特征随自然地带的更替而发生显著的变化，因而不能反映某一地带的特点。相对于水文站，其选择对象范围为区域代表站和小河站。

揭示河流水文特征值的空间分布规律是水文站网的最重要的任务，而这一任务主要由区域代表站和小河站承担。站网是有限的，不可能对所有的河流进行控制，但是水文工作者希望通过这些有限资源能实现内插无资料的相似河流的特征值的目的，这就是开展水文分区工作的意义。同一水文分区内的相似河流，影响其水文特征值的因素也是相似的，对这些河流进行分类之后，如果能使每一类河流都有 1~2 个水文站，就可以实现向同类无资料河流进行资料移用的目的。这些测站，就具备了区域代表性。因此，水文分区是开展区域代表站评价工作的基础。

（3）水文区划原则

水文分区是布设和评价区域代表站或资料移用的依据。一般水文区划可分为二级或三级，第一级称为水文地区，主要揭示流域水量的地域差异；第二级称为水文区，着重于水量的年内分配和水情差异；如果进行三级的划分，第三级可称为水文分区，主要基于二级划分仍有些宏观的看法和有更细的追求，因此会在第二级区划的基础上，根据有关水文模型或统计方法，进行更详细的区域划分。

分区原则：第一级水文区划主要以水量为指标；第二级水文区划以径流的年内分配和径流动态为主要指标；第三级水文区划则在前两级基础上根据同一水文分区内水文气候特性和自然地理特性相似原则进行划分。

（4）水文分区方法

水文分区常用方法有暴雨洪水产汇流参数分析法、新安江模型参数法等水文模型分区法和主成分聚类分析法等相关统计方法。

1）暴雨洪水产汇流参数法

选用具有代表性的中等河流水文站实测样本系列，采用蓄满产流模型原理进行单站汇流分析，其中：产流用降雨径流法，汇流用推理峰量法、推理过程线法、瞬时单位线法、推理公式等方法，得到单站汇流参数，然后进行地理综合，找出产汇流参数的地理变化规律，据此进行水文分区，并对每个水文分区的产汇流参数地理规律的合理性进行检验，

2）新安江模型参数法

新安江模型把流域的水文规律概括为模型结构和模型参数。模型参数表示了流域的水文特性，模型结构由一系列表示水文现象的动态规律的计算方程式组成。

新安江模型参数水文分区方法：选用具有代表性的中小河流水文站实测样本系列，优选各流域灵敏的流域水文模型参数，探索这些参数的区域变化规律，实现稳定的水

文分区，并对每个水文分区成果合理性进行检验，论证模型参数地域性规律是否符合每个水文分区范围内产汇流机制的客观实际。

3）主成分聚类分析法

不以河流为单元统计水文资料，而采用内插地理坐标点（即样点）的水文特征值（即水文因子）组成原始水文因子矩阵，经过数据处理和线性正交变换，求解出实对称方阵的特征值与特征向量，提炼出 2 个主成分（要求累计贡献率达 80% 以上）来代表诸多水文因子的综合效应，实现多因子综合水文分区。

把主成分聚类分析用于水文分区的基本思路是：在自然地理分区图上，均匀适量地选择一批地理坐标点作为样点，编号并记下经纬度；选择与分区目标有成因联系的水文因子，绘制等值线图或单项因子的地理分布图，内插出每个样点的水文因子特征值，组成原始资料矩阵，经过数据处理和线性正交变换，使原来具有一定相关关系的原始因子，变成相互独立，不再含有重叠信息的新变量主成分。用排在前两位的主成分（一般含信息量在 80% 以上）作为纵横坐标，绘制主成分聚类图，将聚合在一起的同类样点所代表的空间范围，在地图上一一标示出来，就初步构成了水文分区图。结合实际情况，对水文分区的合理性进行论证，调整原始因子，修正错误，使理论与实际达到统一；参照每个分区的典型特征，给分区做出全名，并对每个分区的重要水文特性，做出定性、定量的描述。

（5）水文分区成果

本次水文分区是在中国科学院熊怡教授划分的全国一级和二级共 56 个水文分区基础上，结合原先划分的水文分区，综合考虑气候、地形、地质、植被等因素对径流的影响，并充分考虑流域内行政区域水文分区的交界，形成此次评价所采用的水文分区二级成果。

水文分区的三级成果考虑到以流域内行政区域为单元按照区域内的水文特点进行了分区的划分，之后又结合水资源评价的成果对分区的精度和稳定性进行了验证，但由于以行政区域为单元所做的分区区划在行政交界处不衔接，因此本次评价不再对三级区进行说明。

海河流域主要处在华北暖温带平水、少水地区，只有永定河和滦河水系上游部分河流处在内蒙古中温带少水地区内。其二级分区为：辽河下游平原与海河平原水文区，冀晋山地水文区，黄土高原水文区，内蒙古高原水文区，阴山、鄂尔多斯高原水文区，共 5 个亚区。

1）辽河下游平原与海河平原水文区

辽河下游平原与海河平原水文区地跨北京、天津、河北、河南、山东5省（直辖市）。该区域内的河流大多为各河下游、人工开挖的排沥河道或为源短流急的入海小河。因平原区上游蓄水工程较多，调蓄能力较强，再加上华北地区地下水超采严重，各河水源补给枯竭，多数河流常年河干，为径流低值区。本区域内的水文站受上游水利工程和区域内河网化影响较大，代表性较差。

2）冀晋山地水文区

冀晋山地水文区地跨北京、河北、山西3省（直辖市）。本区域地处山丘区，为海河流域大部河流的发源地，受地形及季风气候的影响，本区域易发生局部暴雨洪水，常常造成下游地区洪涝灾害，为降水径流的高值区。区域内大型水利工程较多，对区域代表站具有一定影响，但部分区域代表站经还原计算，仍可发挥区域代表站的功能。

3）黄土高原水文区

黄土高原水文区在海河流域内全部为山西省所属区域。本区域大多地处太行山脉的深山区，为海河流域的源头，下垫面条件较差，受地形影响，易发生局部暴雨洪水。区域内代表站功能较强，基本能够反映降水径流关系。

4）内蒙古高原水文区

内蒙古高原水文区在本流域内全部为内蒙古自治区所属区域。本区域降水少，径流系数小，为降水径流低值区。

5）阴山、鄂尔多斯高原水文区

阴山、鄂尔多斯高原水文区在本流域内全部为内蒙古自治区所属区域。本区域降水少，径流系数小，为降水径流低值区。

2.区域代表站评价

（1）评价原则

布设区域代表水文站网的目的，是满足面上内插水文特征参数，解决无资料地区移用。

1）各省设立一套完整的分区分级区域代表水文站网，每个分区级级至少布设1站。

2）有较好代表性和测验条件。

3）满足绘制径流等值线的走向和趋势，不遗漏等值线高低中心。

4）控制面积内的水工程措施少。

5）无较大的水文空白地区。

6）满足重要城镇、厂矿、重要经济区的防洪抗旱、水环境监测、水资源评价、水资源利用、水工程规划设计施工等需要。

7）出入省级行政区界处。

8）测验、通信和交通、生活条件便利。

（2）评价方法

1）根据模型的主要参数与相应下垫面特征指标的相关关系，一般为流域蒸发参数与流域平均高程、地表水比重参数与流域植被率、枯季径流过程参数与地质指标、洪水过程参数与流域几何特征值等相关关系，将下垫面特征指标进行定量分级，一般面积等级可分为 3~6 个级差。其他下垫面特征值指标，不少于 3 个级差。每个级差要设 1~2 个代表站。

2）根据区域统计分析，确定允许空白范围。经济发达地区，站网宜密一些，反之，可稀一些。空白区一般应不超过 3 500~5 000 km²。

3）决定站网密度下限的年径流特征值内插允许相对误差采用 ±（5%~10%）。决定站网密度上限的年径流特征值递变率采用 ±（10%~15%）。

4）对于分析计算较困难的地区，在水文分区内，可按流域面积进行分级，一般情况下，分为 4~7 级，每级设 1~2 个代表站。

（3）资料选用原则及测站代表性检验

资料选用原则：

中小河流是流域河流中的最大多数，其集水面积大都位于同一自然地带内，其水情能够明显地反映出该地带的典型特征。相对于水文站，其选择对象范围为区域代表站和小河站。因此，选择流域中等河流（集水面积为 200~5 000 km²）具有代表性水文站实测水文资料。

选取原则：选取各水文分区内资料条件较好，且能够较好地代表所属水文分区基本的河流水文情况和特征的水文站点。

1）区域代表站和小河站。

2）均匀分布于各水文分区内。

3）水文测站上游水利枢纽工程少，受人类活动影响较小。

4）观测资料系列较长，所属雨量站点分布相对较多，面雨量控制较好。

5）测站代表性较好，各测验项目精度较高，资料通过"三性"检验。

为更好地达到检验目的，提高水文分区产汇流参数综合的精度，对于原来经分析达到设站年限现已撤销的水文站，在水文分区产汇流参数分析检验时，也进入分析计算。

（4）测站代表性检验：

1）代表站选择。参加分析的代表站，必须进行测站代表性检验。一个水文站是否具有代表性，首先决定于它是否满足设站目的，其次是该站能否具备一个水文站应有的设站条件和能否收集到一定精度的样本资料，两者缺一不可，否则将降低或丧失测站的代表性。一般来说，样本容量越大，用来估算总体的可靠性、代表性就越好。

2）检验方法。首先确定该站是否满足设站目的和设站条件，在满足这两个条件的情况下，对实测资料样本进行抽样误差检验，其抽样误差在允许范围10%之内，且保证率不低于70%，如受水利工程影响则需进行还原，当满足以上条件时，认为该站具有代表性，可参加水文分区分析。

分析计算较困难的地区，在水文分区内，可按流域面积等级进行分级，一般情况下分为4~7级，每级设1~2个代表站。由区域代表站分析评价可知，一些流域面积级内代表站数已满足1~2个的布设要求，但一些流域面积级内无一处代表站。因此，在空白级内有布站条件的考虑增设代表站；对受水利工程显著影响，但通过增设辅助断面后经还原计算仍能达到设站目的的可以保留；对于通过增设辅助断面后经还原计算仍不能达到设站目的的可以考虑撤销或改变设站目的。撤销后出现空白级的考虑选择合适的流域补设代表站，使其满足设站数目要求。

另外，对于一些受水利工程影响不显著，但代表性不高的站可以考虑降级、撤销或迁移。由各水文分区内水文站的布设情况可知：辽河下游平原与海河平原水文区除在 3 000~5 000 km$^2$ 流域面积级内无代表站需增设 1 处外，其他流域面积级内均有代表站不需增设；冀晋山地水文区在各流域面积级内均有代表站不需增设；黄土高原水文区除在 1 000~2 000 km$^2$ 流域面积级内有 1 处代表站外，其他各流域面积级内需根据河流情况增设代表站 4 处；内蒙古高原水文区在 1 000~2 000 km$^2$ 和 300~500 km$^2$ 流域面积级内有 4 条河流，且均分布有代表站，故该分区内不需增设代表站；阴山、鄂尔多斯高原水文区在 200~500 km$^2$ 流域面积级内需增设 1 处代表站。

3.总的来说，海河流域现行水文站网功能较为齐全，基本满足防洪、水利工程规划运行、水资源管理、水生态环境保护的需求。水文站网的宏观布局和功能与海河流域经济发展、人口分布的宏观格局基本匹配，水文站网的结构、布局与局部功能的强弱，客观地反映了海河流域水问题的基本特征和对水文信息服务的需求。具体说，站网功能中水资源评价、水文情报预报、规划设计、区域水文、水沙变化、水文长期变化等功能较强；工程管理、水功能区界水质、灌区供水、水土保持等有待加强；而水文行业近年来新增的测站功能，如生态环境保护、行政区界法定监测等方面功能所占比重较小，远不能满足目前形势和任务的需要，需要在今后的站网布局和功能调整中予以统筹规划。

经分析，海河流域水文站网功能虽然比较齐全，但还存在不少的问题和不足。现有水文站网在紧密结合社会实时性服务需求方面以及解决社会突出水问题等方面尚显不足；与供水安全、防洪安全和水资源的科学利用、合理开发、优化配置和有效保护的新要求，存在较大差距，特别是城市防洪站网、水环境监测站网和墒情监测站网严重不足。存在的问题主要有以下几个方面。

（1）城市水文站不足，功能不够完善。随着城市化进程的加快，城市防洪、供水、环境的要求越来越高，现有监测站网难以满足城市发展的要求。

（2）地下水和旱情监测功能亟待提高。现有墒情监测站点偏少，设备落后；地下水取水水源地和城市地下水监测站网严重不足，不能满足旱情监测、需水预测的需要。

（3）现有站网功能对以行政区界为单元的控制不足，对行政区界、取（引）退（排）水口水量水质监测控制不足，对行政区域水量水质的平衡分析，节水、水资源保护、水资源优化配置等有关的行政管理措施落实的支撑力度不足。

## （三）水文站网评价受工程影响

### 1. 水利工程对水文站网的影响类型

在河流上建设水利工程，会深刻改变河流的水文状况，或导致季节性断流，或改变洪水状况，或增加局部河段淤积，或使河口泥沙减少而加剧侵蚀，或咸水上溯，污染物滞留，水质也会因之而改变。随着水资源的开发利用，水利、水电、采砂、城建、交通、景观等涉水工程的大量兴建，改变了水文站的测验条件和上下游水沙情势，水文站网受水利工程影响日益严重，极大地影响了区域水文资料的连续性、代表性，给这类地区水文测验、流域水文预报、水资源计算造成了一定的困难，影响了水文站网的稳定。

（1）水利工程对水文站网的影响形式

水利工程建设对水文站的影响可分为直接影响和间接影响。直接影响是工程建设直接影响水文测验设施的正常运行；间接影响是工程建设改变了测站流域下垫面条件，改变了流域水沙情势，使测站所收集资料的一致性发生改变，改变了测站资料的连续性和应用价值。

流域水利工程对水文站网的影响主要有3种表现形式：第一种是工程设在水文站控制断面的上游，改变了天然河流的水量变化规律，造成资料失真和水账算不清；第二种是工程修建在水文站控制断面的下游，使水文站测流断面置于回水区内，无法正常开展测验工作，所收集到的资料失去代表性；第三种是工程直接建设在水文站测验河段上，严重影响水文站的正常运行。

（2）影响水文站网的水利工程分类

水文站网主要受蓄水工程、引（输）水工程、提水工程、发电和航运工程等涉水工程影响。各种工程中对水文站影响较大的水工建筑物及工程主要是水库、堰闸、水电站（发电、蓄能）、小型水坝（低坝、橡胶坝）、泵站、水渠（引、排）、蓄滞洪区和河道整治（河道治理、疏浚、平砂、挖砂）工程等。

1）水库工程

水库具有存储、调节径流的作用。水库的修建，不但改变了河流水文特性，也改变了水文测站测报环境。水文站位于水库大坝上游时，易受工程回水、顶托影响，流速减小，过水断面加宽，泥沙沉降，实测的泥沙较天然情况下明显偏小。受水库高水位运行影响，水位流量关系发生较大变化。水文站位于水库大坝下游时，受上游水库蓄水影响及工程运行影响，测站设站目的变化，控制断面发生断流的情况增多，水位变化急剧，断面冲刷严重，流速增大，严重影响测验水沙条件，单次流量的精度难以保证，同时其流量过程也很难控制。

2）堰闸（含船闸）工程

堰闸（含船闸）等枢纽工程的修建将改变所在河段的行洪能力和水文特性，上下游水、沙情势也发生了变化，冲淤变化加剧，影响原有水文测站测验条件，破坏了水文站收集水文资料的连续性。具体表现为闸上水位高，流速变缓，流态不稳，受变动回水影响；闸下受到无规律的放水影响，基本断面水位有时一天之内发生数次涨落，水位变幅增大，人为形成水、沙峰且十分频繁，水文控制断面水位流量关系变得散乱且无规律。

3）水电站（发电、蓄能）工程

水电站及配套工程建设淹没水文测验河段，破坏水文测站控制条件，尤其是水库水电站一般担负电力系统的调峰任务，一天仅在几个小时内大量用水，造成下游河道水位变化较大。具体表现为上游水位高，流速变缓，流态不稳；下游水位陡涨陡落，流速增大，断面冲刷加剧，水位流量关系变得散乱且无规律。

4）小型水坝（低坝、橡胶坝）工程

小型水坝的修建使上游水位抬高，断面面积增加，流速变缓，下游水位降低，低水断面易出现水流窜沟、分岔，使水位流量关系曲线不稳定，水文站改变了原有的测验条件，影响流量测验的精度和资料的连续性。

5）泵站工程

泵站工程是取、供、排水等水利工程中的重要组成部分。但泵站的取水能力直接影响河流渠道的输水能力，泵站运行中无规律的取水、排水等影响，使水文站断面水位有时一天之内发生数次涨落，水位变幅较大，人为形成了水沙峰谷。对水文测验工作有非常大的影响。

6）水渠（引、排）工程

水文测验断面上下游修建的水渠（引、排）工程，引起控制断面的水位、流量等各项水文要素的变化，改变了水文原有的测验条件，改变了测站原有的水位流量关系，对流量测验的精度和资料的连续性均造成影响。

7）蓄滞洪区

蓄滞洪区的主要作用是拦蓄洪水减轻灾害。但蓄滞洪区的运用又改变了自然的行水体系，削减洪峰，改变了水位流量关系，直接影响了正常的水文测验。

8）河道整治（河道治理、疏浚、平砂、挖砂）工程

河道治理、江河疏浚等水利工程建设以及平砂、挖砂等人类活动，造成水文站测验断面遭受破坏、水位记录失真等现象，改变了水文站原有的测验条件，影响了水文资料的精度和水位流量关系的稳定。

（3）水利工程对水文测验项目的影响分类

1）对水位站的影响

当水位站在水电站（水库）大坝上游时，水位站位于库区，相同流量下水位高于天然水位，尤其是当水位站距离大坝太近时，水位与坝前水位相差不大，水位站没有存在的必要。当水位站在水电站（水库）大坝下游时，若水位站距离大坝较远时，工程对水位站的影响并不明显；若水位站距离大坝太近或水位站位于引水式电站的脱水段（引水口和发电尾水之间的河段）时，由于观测的水位值失去了代表性，水位站同样没有存在的必要。受水利水电工程影响的水位站，在工程建设之前已经稳定了水位流量关系且用于预报的，工程建设后必须重新确定水位流量关系。

2）对流量站的影响

水文站在设立时，测验断面的控制条件是首要考虑的因素之一。水文站往往布设在控制条件较好的地方，而水利工程的建设严重破坏了原有的控制条件，天然情况下比较稳定的水位流量关系受到破坏。位于工程上游的测站受回水顶托影响，流速较天然情况下减小，无法开展正常的测验工作，距离大坝太近的测站只能撤销或搬迁；位于工程下游的测站受工程调度的影响，水位涨落频繁，水情变化极其复杂，给水文测

验带来了极大困难，特别是给水文测验时机把握、方法选择和测验手段带来了新的问题，尤其是部分水文站距离大坝位置不远，无法进行水文要素测验，尤其是位于调节能力较强的水利水电工程下游的测站，实测洪水过程与天然洪水过程相差甚远，只能撤销或迁移；位于引水式电站脱水段的水文测验河段，水文站已失去存在的意义。水利工程对流量站的影响又分为大河控制站、区域代表站和小河站的影响等。

3）对泥沙站的影响

水文站在长期的水文测验中，已取得了比较稳定的水位流量关系和单断沙关系，并严格按有关技术标准进行资料整编。涉水工程的建设及运行，在破坏水文站原有控制条件的同时，也破坏了水文站已有的水位、流量、输沙率关系。原有的水文测验方法不能满足现行规范对测验精度的要求，给水文资料整理及整编带来困难。

位于水电（水库）工程上游的泥沙站（受顶托影响的情况），由于流速减小，泥沙沉降，泥沙含量减小，实测的泥沙较天然情况下明显偏小，而位于水电（水库）工程下游的泥沙站，由于泥沙被拦蓄在水库和水利工程的河道上游，大坝下泄的基本上是清水，水利工程对泥沙站资料的影响是明显的，一是改变泥沙自然输送过程，二是会在湖、库内形成一定量的淤积，导致下游水文站的泥沙观测项目作用不大。

4）对雨量、蒸发等气象因子的影响

由于水库蓄水后加大了自由水面，库区的小气候较天然情况下发生了较大的变化，局部地区的降水和水面蒸发量可能增加。一般情况下，水电（水库）工程对雨量、蒸发等气象因子观测值的影响要通过若干年的对比观测才能看出。

2. 水利工程对水文站网的影响现状评价

（1）测站分类

水文站设在河流上，收集流域面上的自然信息，按断面以上集水面积的大小划分，分为大河站、区域代表站和小河站。

大河站跨越多个气候带、地理带和多个水文分区，断面流量仅反映河道水量的沿程变化，并不反映流量特征值在水文分区内的空间分布规律。这类测站受水利工程影响后，资料的一致性破坏程度往往小于水文测验断面的破坏程度。

区域代表站设置的目的在于掌握流量特征值在水文分区内的空间分布，断面水文特征值与河流所在流域的参数可以建立相关关系，从而将此关系应用于同一水文分区内其他相似的无资料流域，这是水文站网设计中的最重要的一部分工作。要反映这种相关关系，必须保持一定长度和相对一致的水文资料，因此对承担区域代表站职能的水文站，必须重点考虑水利工程的影响问题。这一类测站，资料的一致性也往往较易被破坏。

小河站的主要目的在于收集小面积暴雨洪水资料,探索产汇流参数在地区上和随下垫面变化的规律。由于集水面积小,在反映区域水文特性方面作用小于区域代表站,观测年限也相对较短,因此在遭受水利工程影响后,如给观测工作带来较大负担,可考虑撤销。

对大河站、区域代表站和小河站进行水利工程对水文站网影响的分类评价是水文站网功能评价与调整的重要内容。

(2)水利工程对水文站网的影响

海河流域有大河站、区域代表站、小河站共 289 处。参加本次评价的有 274 处,参加评价的水文站中受水工程不同程度影响的水文站 154 处,占评价总站数的 56.2%。其中受水工程影响显著或严重的水文站 101 处,占评价总站数的 36.9%。

海河流域大多站点因水利工程建设已改变了最初的设站功能,有些站在工程建设后又已形成了较长的系列。尤其是流域下游地区水文控制站点多为工程水文站,其设站的目的是满足防汛抗旱、水资源管理、水利工程建设与运行等当前应用需求。但近年来开展的水利建设仍然在不断干扰和影响水文站的正常运行。流域影响水文站网的水利工程主要是水库、堰闸、水电站(发电、蓄能)、小型水坝(低坝、橡胶坝)、泵站、蓄滞洪区建设、河道整治(治理、疏浚、平砂、挖砂)工程等。

水利工程对大河站造成影响的程度依次是子牙河、南运河、大清河、滦河、北运河、潮白河、永定河、徒骇马颊河、河北沿海诸河、蓟运河等河系。

水利工程对大河站造成影响最多的是河北省,其次是山西、河南、山东和天津等省(直辖市)。水利工程对区域代表站和小河站造成影响的程度依次是子牙河、永定河、滦河、蓟运河、大清河、南运河、河北沿海诸河、潮白河、北运河、徒骇马颊河等河系。水利工程对区域代表站和小河站造成影响最多的是河北省,其他依次是山西、天津、北京、内蒙古、山东、河南等省(自治区、直辖市)。水利工程主要是防洪和蓄水、引水等灌溉工程。由于流域干旱缺水,防洪工程大多很少启用。

# 结　语

综上所述，水文站网规划与优化研究在水文站网中的应用效果十分显著，水文是水利工作的基础，是解决防汛减灾、水资源短缺和水生态环境等问题的基本前提。而水文站网又是水文工作的基础，是收集水情信息的基础来源。长期以来，水文站点主要布设在江河湖库上，以流域或区域作为服务对象来进行规划。随着城镇化率越来越高、人口密度越来越大、经济的不断发展，对城市的供水保障能力和防汛排涝水平的要求也越来越高，这些都将给生态环境容量带来更大的压力和挑战。无论是城市的缺水问题、防洪排涝问题还是水环境和水生态问题，都会给人民的生活和生产安全造成严重影响。因此，要对城市水文站网进行合理规划，最大程度地保障人民的生命财产安全和社会经济的发展，是当今社会发展最需解决的问题。

首先，中国各类水文站网平均密度达到了 WMO 推荐的困难条件下的最稀站网密度或《水文站网规划技术导则》所要求的最低标准。东部沿海地区站网密度已趋向小尺度空间，西部地区仍达不到最稀标准，地区差异较大。总体上看，中国水文站网仍是一个规模偏小的站网，需要大力发展建设。

其次，中国水文测报自动化经过多年建设已有了较大提高。水位与降水监测超过一半实现自动采集和固态存储记录，由于电子技术的发展和 ADCP（多普勒流速剖面仪）的引进，流量测验自动化程度有一定的提高。水文信息的自动传输系统经过多年建设已初具规模，但在满足社会需求方面仍有很大差距，迫切需要加大水文现代化建设力度。

最后，中国江河的水文控制程度仍然偏低，西部地区河流存在大量的水文空白区，有接近 60% 的河流目前还没有流量观测数据，无法准确测算河流水资源状况。

在科学技术飞速发展的时代背景下，规划合理的水文站网能够充分反映水文时空变异特征，更好地揭示水文规律. 对水文站网进行优化，即在满足资料精度要求基础上，探索最优站网布局，使之能收集准确详尽的水文信息。这对于提高站网效率、节约站网建设成本具有重要意义。

# 参考文献

[1] 陈学珍，孙国苗，王博．河南省长江流域基本水文站工作管理及近远期规划研究 [M]．郑州：黄河水利出版社．2021．

[2] 杨鹏．河南省长江流域水文站、水位站测站特性分析 [M]．郑州：黄河水利出版社．2021．

[3] 周云凯．鄱阳湖湿地生态水文过程研究 [M]．北京：中国经济出版社．2021．

[4] 王晓斌．郑国渠边的水文——张家山水文站设立和发展研究 [M]．郑州：黄河水利出版社．2019．

[5] 王冬至，王婉婉．河南省豫北地区水文站任务书资料汇编 [M]．郑州：黄河水利出版社．2019．

[6] 赵昕，梅军亚，张莉．水文站管理 [M]．南京：河海大学出版社．2017．

[7] 刘正伟．数字水文站关键技术研究与应用 [M]．昆明：云南科技出版社．2017．

[8] 徐光来，张正东，李爱娟．大美黄山自然生态名片丛书：秀丽的黄山水文 [M]．北京时代华文书局．2022．

[9] 马龙编．草原地区煤电开发对生态水文的影响与应对 [M]．北京：科学出版社．2022．

[10] 覃伟荣，程秋华，张亚丽等．地理学综合实验实习指导丛书：水文气候学实习教程 [M]．武汉：武汉大学出版社．2022．

[11] 刘登峰，涂欢，李恩越．渭河流域水文要素演变规律与致灾机理研究 [M]．北京：科学出版社．2021．

[12] 程国栋．黑河流域生态—水文过程集成研究：黑河流域生态—水文耦合模拟的方法与应用 [M]．北京：龙门书局．2021．

[13] 于瑞宏，郝艳玲，任晓辉等著．干旱区典型浅水湖泊流域水文模拟与调控 [M]．北京：中国水利水电出版社．2021．

[14] 岳利军．河南省水文现代化发展思路与实现途径 [M]．郑州：黄河水利出版社．2021．

[15] 梁耀平. 工程水文地质条件分析与防治水技术应用 [M]. 北京：北京工业大学出版社. 2021.

[16] 拜存有, 江海. 工程水文及水利计算基础 [M]. 北京：中国水利水电出版社. 2018.

[17] 吴炳方. 陆表蒸散遥感 [M]. 北京：龙门书局. 2021.

[18] 马建军, 黄林冲, 陈万祥等. 工程地质与水文地质 [M]. 广州：广州中山大学出版社. 2021.

[19] 陈杰. 统计降尺度方法及水文应用 [M]. 北京：科学出版社. 2021.

[20] 高玉琴. 城市化下秦淮河流域水文效应及风险评价 [M]. 北京：中国水利水电出版社. 2021.

[21] 刘凯, 刘国安, 左婧. 水文与水资源利用管理研究 [M]. 天津：天津科学技术出版社. 2021.

[22] 董洁, 冯忠伦, 谭秀翠等. 水文计算中的非参数统计方法 [M]. 郑州：黄河水利出版社. 2021.

[23] 刘凤睿. 水文统计学与水资源系统优化方法 [M]. 天津：天津科学技术出版社. 2021.

[24] 赵颖辉等. 工程水文与水资源 [M]. 北京：中国水利水电出版社. 2021.

[25] 曾向红, 余年, 杜东升. 水文气象学在海绵城市建设中的应用 [M]. 北京：中国建筑工业出版社. 2021.

[26] 李双, 肖洪浪, 王小华等. 黑河流域生态水文过程集成研究荒漠植物大气水汽吸收利用 [M]. 北京：龙门书局. 2021.

[27] 李红霞, 覃光华, 敖天其. 水文模型与实时预报 [M]. 北京：中国水利水电出版社. 2021.

[28] 张志强, 查同刚, 王盛萍. 黄土高原植被恢复生态水文过程研究 [M]. 北京：中国林业出版社. 2021.